WOLFGANG THÖNER

DAS BAUHAUS LEUCHTET

DIE DESSAUER BAUHAUSBAUTEN IM LICHT

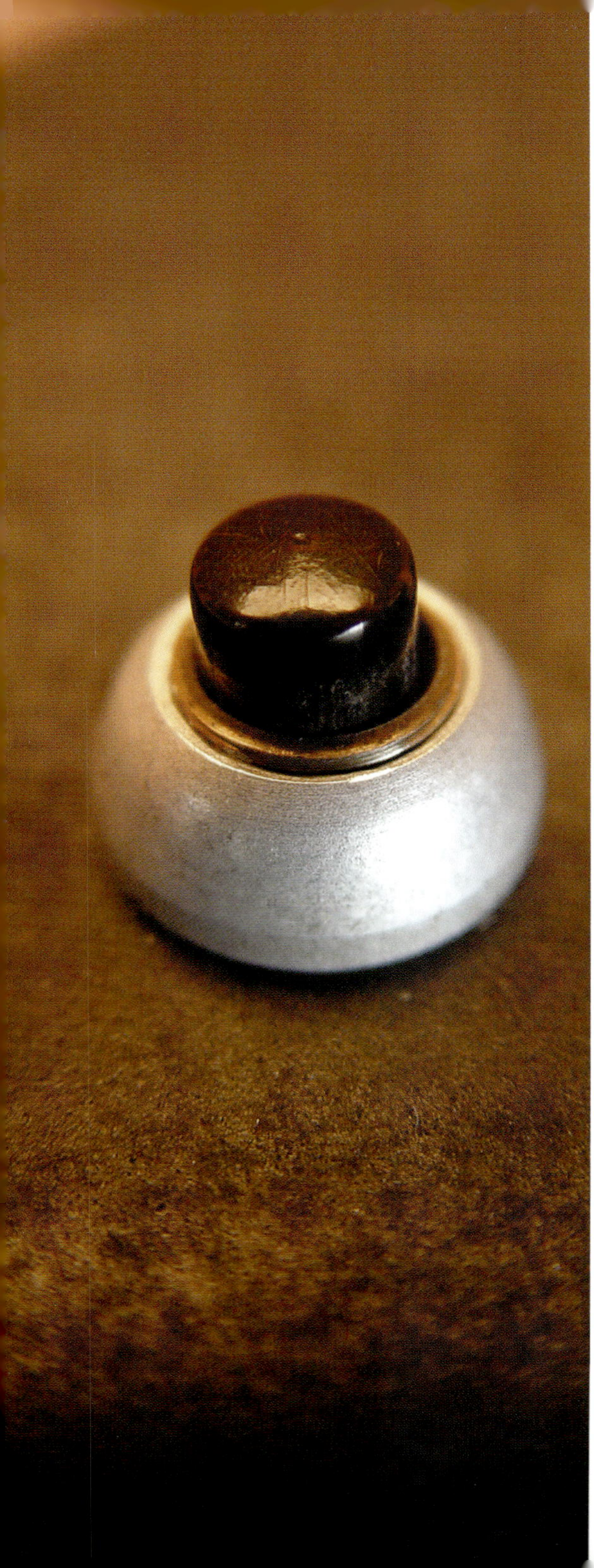

Impressum

Umschlagmotiv	Amt für Arbeit, Innenansicht »Glasdecke«
Autor	Wolfgang Thöner, Dessau
Grafische Gestaltung	acp-design, Annett C. Pester, Dessau
Redaktionelle Mitarbeit	Petra Jentsch, Meisterhaus Kandinsky – Klee
Lektorat	Katja Hesch

Bibliografische Information Der Deutschen Bibliothek
Die Deutsche Bibliothek verzeichnet diese Publikation in der Deutschen Nationalbibliografie; detaillierte bibliografische Daten sind im Internet über http://dnb.ddb.de abrufbar.

ISBN 3-86502-109-3

Wolfgang Thöner ist wissenschaftlicher Mitarbeiter der Stiftung Bauhaus Dessau.

Gedruckt auf alterungsbeständigem Papier mit chlorfrei gebleichtem Zellstoff.
Die Schreibweise folgt den Regeln der neuen Rechtschreibung.

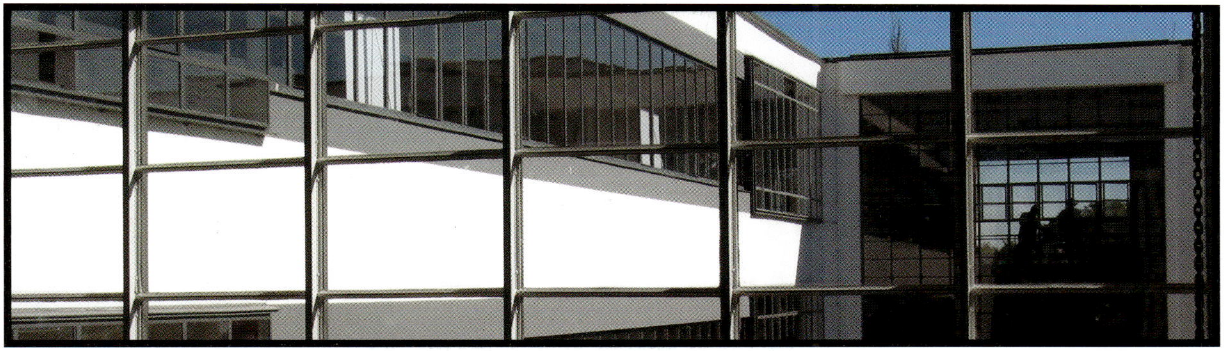

INHALT

DAS BAUHAUS LEUCHTET. DIE DESSAUER BAUHAUSBAUTEN IM LICHT

1 Das Bauhausgebäude, 2004

1. Der Riesenlichtkubus und das großartige Spiel der unter dem Licht versammelten Baukörper

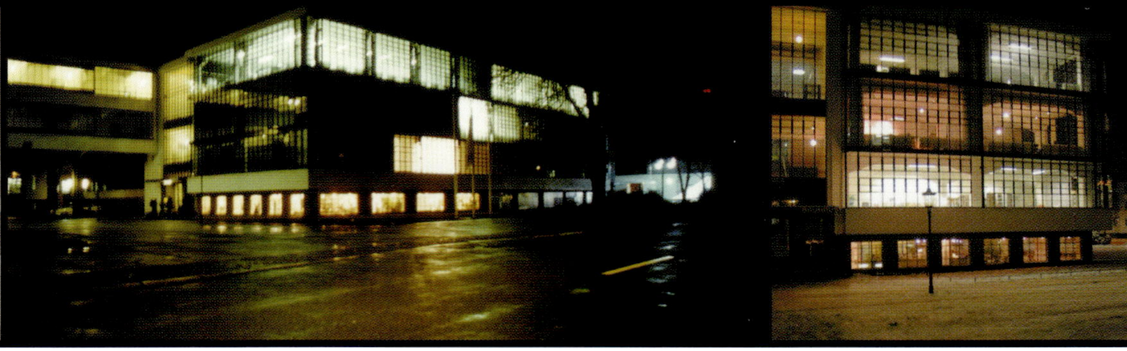

»Ein Riesenlichtkubus« – so erschien einer Journalistin das selbst leuchtende und, dank eines Scheinwerfers, auch Licht ausstrahlende Bauhausgebäude am Abend des 4. Dezember 1926, dem offiziellen Einweihungstag des Gebäudes und der Eröffnung der Hochschule für Gestaltung Bauhaus Dessau. [1] Der Kubus des Bauhausgebäudes verblüffte die Zeitgenossen auch am Tage – die Vorhangfassade aus Stahl und Glas schien aus bestimmten Blickrichtungen mit dem Himmel zu verschmelzen. Der Effekt der Lichtfülle konnte nun im Innern des Gebäudes bewundert werden: Die transparenten Wände des Werkstättentrakts und der Treppenhäuser ließen das Licht bis in die Tiefe des Raumes fluten. Noch Jahrzehnte später konnten gestandene und überaus kritische Architekturexperten beim erstmaligen Erlebnis der Architektur genau mit diesen Phänomenen zum Staunen gebracht werden. Die Auffassung eines eng verstandenen, unsinnlichen und asketischen Funktionalismus wurde durch dieses Staunen in Frage gestellt. Zwar war auch für den Architekten und Bauhausgründer Walter Gropius Architektur »Organisation von Lebensvorgängen«, doch gehörte für ihn dazu ganz wesentlich ein neues Verhältnis zum Licht. [2] Sein Kollege und Zeitgenosse Le Corbusier bezeichnete damals nicht von ungefähr Architektur als das »großartige Spiel der unter dem Licht versammelten Baukörper«. [3] Um dieses großartige Spiel unter dem Licht soll es in diesem Buch gehen: um die besondere Art und Weise, mit der am Bauhaus das Verhältnis von Licht und Architektur gestaltet wurde.

Das Licht in all seinen Facetten war von Beginn an ein zentrales Thema am Bauhaus – sei es natürliches Sonnen- oder künstlich erzeugtes elektrisches Licht. Für den Beginn des Bauhauses im April 1919 steht nicht von ungefähr ein Bild, das Licht im Sinne der Verbreitung einer erhellenden wie erlösenden Idee symbolisch mit weit reichender Bedeutung auflud: Der Titelholzschnitt von Lyonel Feininger auf dem Programm zeigt eine Kathedrale, die regelrecht erglüht ist und ihr Licht in die Welt hinaus strahlt. Licht war ein Motiv, das die konkreten Formen des Denkens am Bauhaus einander durchdringen ließ, unabhängig davon, ob es metaphysischer Herkunft war oder ob es um elektrotechnische Installationen ging. Das Licht wurde nunmehr ein »technisches, politisches, ästhetisches, moralisches Universalobjekt«, wie es der Berliner Erziehungswissenschaftler Konrad Wünsche für das Bauhaus konstatierte. [4] Dies zeigt auch ein 1922 entstandenes Aquarell des Bauhausstudenten Gyula Pap: In »Licht Liebe Leben« schwebt eine leuchtende Kugel über dem Wasser. Licht ist Leben, es gibt das Licht der Erkenntnis und

2 Das Bauhausgebäude [Nachtaufnahmen], 1999 und 2003

das prophetische Licht. Licht ist die Grundlage des Sehens, verbunden mit Begriffen für optische Phänomene wie Lichtstrahl, Lichtbrechung, Lichtbeugung. Licht kann den Raum und die als Kristall oder als Membran wirkende Architektur nicht nur überformen und modulieren, architektonischer Raum kann virtuell durch Licht geschaffen werden, ganz wie in der am Bauhaus entstandenen bildenden Kunst. Das geheimnisvolle, kristallin gebrochene Leuchten in den Gemälden Feiningers ist ein Licht, das den gesamten Raum bestimmt und keine einfache Beleuchtung ist. Der Himmel in den Bildwelten, in die der Künstler in den frühen Jahren des Bauhauses die Landschaft um Weimar verwandelte, oszilliert zwischen Licht-Körper und Licht-Raum, organisiert über Farbe. Dies ist ganz im Sinne eines anderen großen Weimarers: Einhundert Jahre vor Feininger beschäftigte sich Johann Wolfgang Goethe theoretisch wie praktisch mit Farbe und Licht. Für Goethe waren die Farben »Taten des Lichts, Taten und Leiden«. [5] Mit seiner Farblehre, die Bauhausmeister wie Johannes Itten, Paul Klee und Wassily Kandinsky intensiv studierten, war er auf der Suche nach der Möglichkeit einer Harmonie der »Versöhnung des Lichts mit dem Schatten«. [6] Ittens Lehre ist, wie die Lehren von Klee und Kandinsky, erfüllt von einem solchen Denken in Farb- und Lichträumen und -körpern. Das betraf nicht nur längst etablierte Techniken der Grafik, Malerei und Plastik. Es gab ebenso Experimente mit neuen Materialien wie Aluminium und Plexiglas oder mit neuen Techniken wie Collage und Assemblage. Am spektakulärsten waren am Weimarer Bauhaus die »reflektorischen Lichtspiele«, u. a. Experimente von Ludwig Hirschfeld-Mack und Kurt Schwerdtfeger, bei der zu eigens dafür geschaffener Musik farbige, von elektrischem Licht hinterleuchtete Glasplatten bewegt wurden. Selbst der industriellen Methoden kaum zugetane Johannes Itten schuf in jenen Jahren in Weimar eine »Turm des Feuers« genannte Plastik, montiert aus farbigen Glasplatten. Sie wurde vor allem als Fotografie bekannt, die das meterhohe Gebilde vor

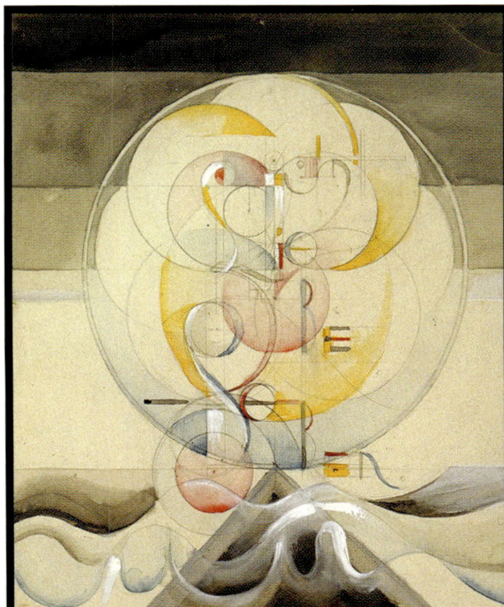

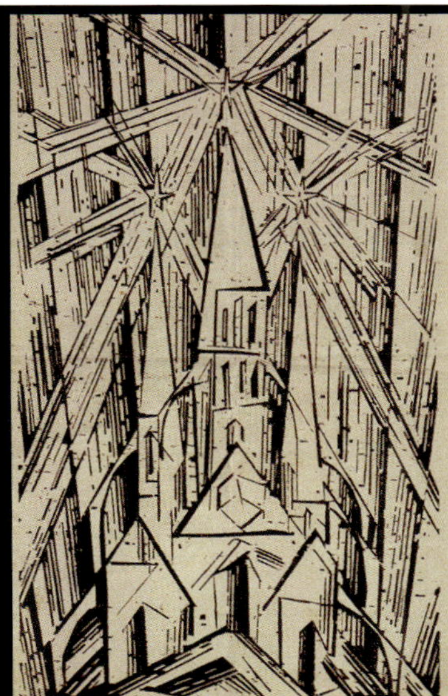

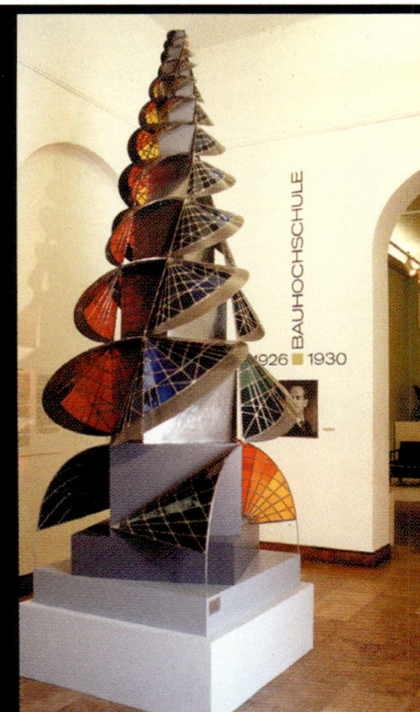

3 Gyula Pap, Licht Liebe Leben, Aquarell, 1922 | 4 Lyonel Feininger, Kathedrale, Titel des Bauhausprogramms, 1919 | 5 Johannes Itten, Turm des Feuers, 1920, Nachbau im Bauhaus-Museum Weimar, Foto: 2000

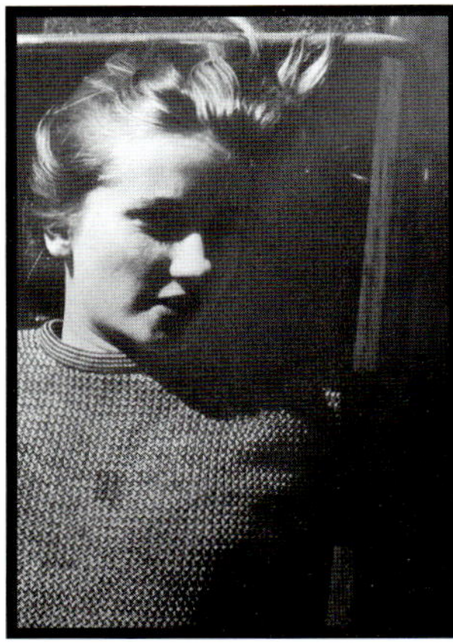

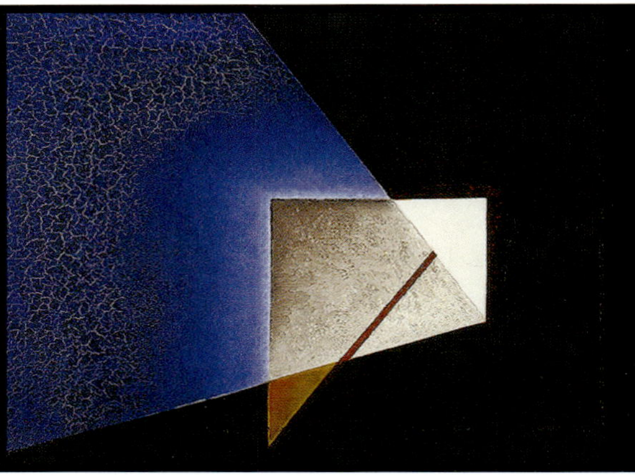

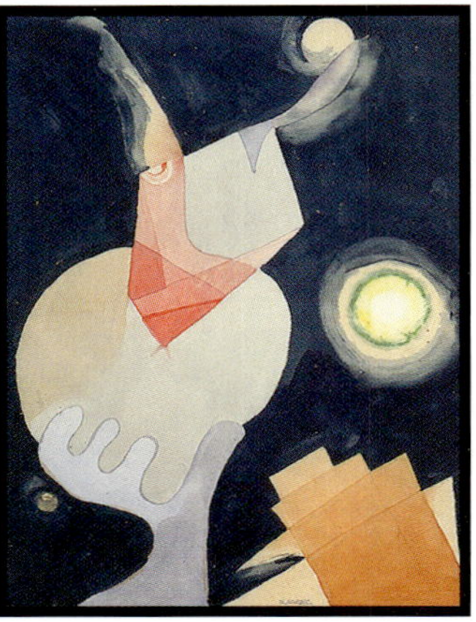

dem von Goethe entworfenen neogotischen Tempelherrenhaus zeigt, in dem der von Itten geleitete Vorkurs des Bauhauses stattfand. Ittens »Turm des Feuers« wurde 1996 rekonstruiert und kann seitdem im Bauhaus-Museum in Weimar wieder in seinem Farb-Licht-Spiel bewundert werden. Dieser Turm ist eines der ersten Farb-Licht-Objekte des Bauhauses und typisch für die spannungsvollen Ambivalenzen des Bauhauses um 1920 in seinen Bezügen zum Mittelalter wie zur neuesten Elektro- und Flugtechnik. So ist der Turm einerseits das Ergebnis eines Spiels mit der Zahl Zwölf, er nimmt Bezug auf die gotische, von Licht erfüllte Architektur der Kathedralen. Zugleich gilt es als sehr wahrscheinlich, dass dieser Turm Modell für einen damals geplanten, so genannten Leuchtturm der gerade begonnenen zivilen Luftfahrt war. [7] Als sich 1919 in Weimar Regierung und Parlament der ersten deutschen Republik formierten, besaß die thüringische Stadt einen der ersten improvisierten Flughäfen Deutschlands mit regulärem Flugdienst nach Berlin. Der dafür gedachte Turm Ittens war nicht nur vom Tageslicht angestrahlt denkbar, sondern auch ein selbstleuchtender Farb-Licht-Körper durch im Innern angebrachte Lampen. Beispiele für die künstlerische und gestalterische Thematisierung des Lichts finden sich in allen Werkstätten, von der Keramikwerkstatt bis zu den Bühneninszenierungen eines Oskar Schlemmer.

6 Hajo Rose, Bauhäuslerin Ricarda Melzer, 1930, Fotografie. Das unerwartete Spiel mit dem Licht bestimmte am Bauhaus auch die Porträtfotografie.
7 Franz Ehrlich, Blau mit Gelb und weißer Spitze, Öl auf Leinwand, 1929 | 8 Carl Marx, Bespiegelung, Aquarell, 1932

2. Bauhausarchitektur und Licht

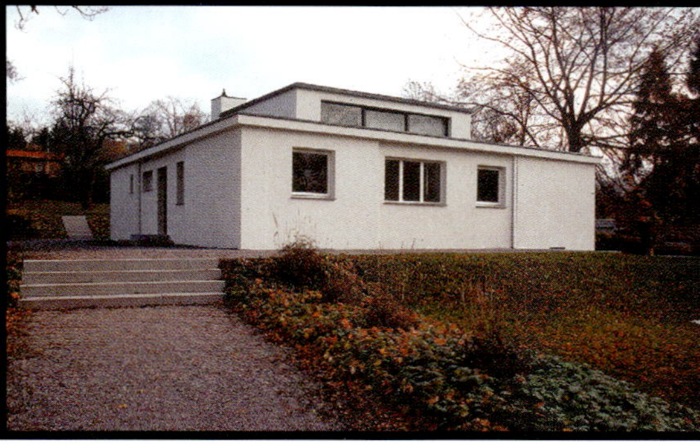

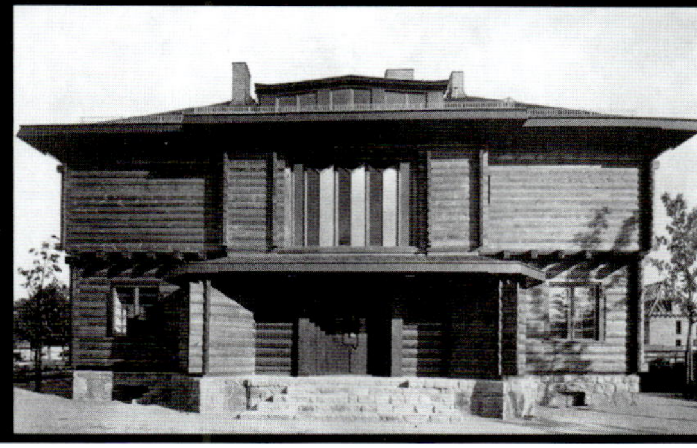

2.1. Neues Bauen und Neues Sehen: Lichtblicke

Der bewusste Umgang mit dem natürlichen wie dem künstlichen Licht ist essentiell für jegliches architektonische Entwerfen. Worin bestand nun das Neue der Herangehensweise des Bauhauses? Die Begeisterung, mit der neue Materialien wie Beton, Stahl und Glas eingesetzt wurden, um »den klaren organischen Baukörper« [8] mit moderner Konstruktion, Transparenz und neue Oberflächenanmutungen zu erreichen, ist nicht zuletzt eine Reaktion auf ein in althergebrachten Formen verbliebenes Entwerfen. Hier wird zumeist das Abgeschlossensein der Räume und die Körperhaftigkeit des Äußeren betont. Hinzu kommt ein weiterer Aspekt, der mit der neuen technischen Nutzung von Licht in neuen Medien für die architektonische Gestaltung entdeckt wurde – das unbewegte wie das bewegte Lichtbild, d. h. die Fotografie und der Film. Die am Bauhaus entstandene Architektur als Bestandteil des – so der damals gängige Begriff – Neuen Bauens ist aufs engste verflochten mit diesen Erneuerungsbestrebungen auf den Gebieten der optischen Kommunikation, in der das elektrische Licht eine besondere Rolle spielte. Die künstlerisch avancierteste Bewegung in Fotografie und Typografie erhielt damals eine adäquate Bezeichnung: das Neue Sehen. Neues Bauen und Neues Sehen – beide Begriffe bekunden einen Innovationswillen und betonen die Aktivität und weniger das vergegenständlichte Ergebnis. Der Vorgang des Bauens und nicht der Bau wird betont, der Vorgang des Sehens und nicht das Bild erscheint als das Wichtigere. Das Prozesshafte interessiert, das Produzieren und das Rezipieren mit seinen Entwicklungen hin zu Medialisierung, mit Konsequenzen nicht zuletzt für die Oberflächen der Bilder- und Bauwelten, für die der Umgang mit dem Licht so entscheidend ist. Die Herangehensweisen der modernen Architekten waren bei aller Anerkennung des Problems durchaus unterschiedlich. Schon ein Blick auf die Bauten der für das Bauhaus maßgeblichen Architekten macht das deutlich: Wulf Herzogenrath hat seine Theorie der fünf Phasen der Bauhausensentwicklung anhand von entsprechenden zeitgleich entstandenen Bauten visualisiert: Vom Haus Sommerfeld von Walter Gropius und Adolf Meyer [1921] hin zum Haus Am Horn von Georg Muche und Adolf Meyer [1923], vom Bauhausgebäude [1925 – 1926] über Hannes Meyers und Hans Wittwers Bundesschule des Allgemeinen Deutschen Gewerkschaftsbundes [ADGB] [1928 – 1930] bis zum deutschen Pavillon von Mies van der Rohe in Barcelona [1929]. [9]

9 Georg Muche & Adolf Meyer, Haus Am Horn, Weimar, 1923, Foto: 1999 | 10 Walter Gropius & Adolf Meyer, Haus Sommerfeld, Berlin, 1920 – 1921

Jeder Bau steht dabei natürlich auch für einen jeweils besonderen Umgang mit dem Licht. So ergeben sich diesbezüglich vier verschiedene Gruppen. Da gibt es zunächst den traditionellen Entwurf, bei dem das Haus als das Schützende, Bewahrende verstanden wird. Licht dringt nur durch eng bemessene Öffnungen in das Haus, wird durch farbige Fenster gebrochen und erzeugt einen von der Außenwelt abgetrennten Kunstraum. Eine zweite Gruppe von Bauten [Haus Am Horn und Bauhausgebäude] lässt sich einer auf Entmaterialisierung zielenden Gestaltung der Oberflächen zuordnen. Das Licht wird bei diesen Gebäuden großflächig eingelassen oder stark reflektiert, um so von allen natürlichen Materialeigenschaften zu abstrahieren. Ziel ist ein neuer, aus reinen Flächen und Farben gebildeter Raum. Das Tageslichtlicht dringt bis in die Tiefe des Raums, starke Hell-Dunkel-Kontraste werden reduziert und bei Nacht erreicht man durch künstliches Licht den entmaterialisierten [Kunst-] Leuchtkörper.

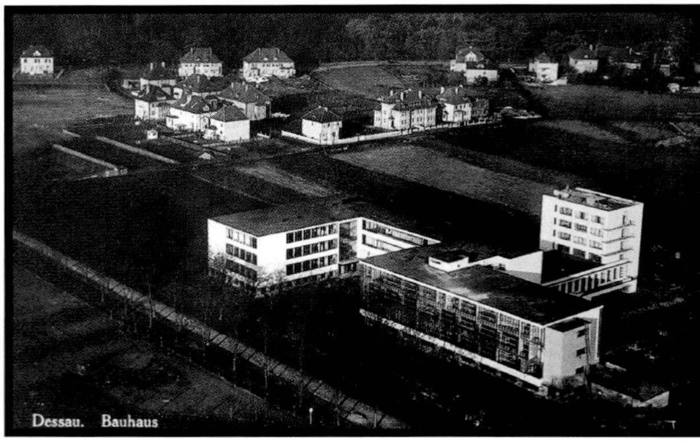

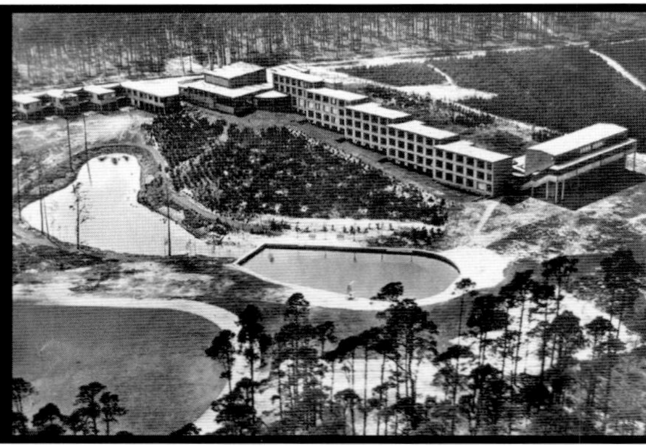

Das ganze Haus wird so zu einer Leuchte in der Stadt. Den dafür notwendigen Baustoff Glas, schon ein Jahrzehnt zuvor von Paul Scheerbarth und Bruno Taut literarisch wie auch in ersten Realisierungen gefeiert, wird zum Baustoff der Zukunft deklariert, wie es Walter Gropius 1926, parallel zu seinen neuesten Bauten, in seinem Aufsatz »Glasbau« formulierte. [10] Eine dritte Gruppe umfasst die Bauten, die mittels ihrer Oberflächen die eingesetzten Materialien visualisieren und – konstruktiv oft kühner als vor allem die erste Gruppe – auf die Wirkung zumeist edler Materialien setzte. Das Tages- wie Kunstlicht betont so die Eigenheiten der eingesetzten künstlichen wie natürlichen Materialien. Ludwig Mies van der Rohes geradezu metaphysisches Spiel mit Hell und Dunkel lässt sich am besten an seinem 1929 fertig gestellten Deutschen Pavillon in Barcelona demonstrieren. Die vierte hier zu nennende Gruppe von Architektur ist in erster Linie aus konstruktiven Innovationen entwickelt. Solche Bauten waren in Entwürfen von Bauhaus-Architekten nur im Ansatz entwickelt. Die optische Wirkung der Oberflächen ist hier das Resultat des Einsatzes der konstruktiv nötigen Materialien. Licht wird scheinbar nur nach dem Nutzeffekt gelenkt und bewertet, jedoch versteckt sich zumeist durchaus auch ein Quäntchen Metaphysik in diesem Konzept. Hannes Meyers Bauten wie z. B. die Bundesschule des Allgemeinen Deutschen Gewerkschaftsbundes [ADGB] in Bernau [1928 – 1930] oder die Laubenganghäuser in Dessau [1928 – 1930] können als Beispiel dienen.

11 Walter Gropius, Bauhausgebäude, Dessau, 1925 – 1926 | 12 Hannes Meyer & Hans Wittwer, Bundesschule des ADGB, Bernau, 1928 – 1930

2.2. Walter Gropius: Modulation von Licht und Raum

Das Bauhausgebäude, als der in mehrfacher Hinsicht für die Institution Bauhaus bedeutsamste Bau, soll hier besonders betrachtet sein. Zum besseren Verständnis soll an dieser Stelle auch auf die Wurzeln und Einflüsse sowie die zuvor erfolgte Entwicklung im Schaffen des Bauhausgründers Walter Gropius eingegangen werden. Das Bauhausgebäude ist in erster Linie der o. g. zweiten Gruppe zuzuordnen. Es ist ganz wesentlich ein Wahrnehmungsobjekt für ein neues dynamisiertes Sehen, in dem gerade das Licht in der Vielschichtigkeit seiner Bedeutung eine entscheidende Rolle spielt, die mehr als hygienische, ergonomische und Arbeitstechnische Belange betrifft. Gerade in der Behandlung der Oberflächen und ihrer Verknüpfung mit tradierten bzw. neu erfundenen Bedeutungen kann hier eine Besonderheit im Werk von Gropius konstatiert werden, die so nur noch in seinem Fagus-Werk [1911 und 1914] und in seinem Werkbund-Bau von 1914 [beide mit Adolf Meyer] nachweisbar ist. Der Umgang mit dem Licht spielte bei diesen Projekten eine besondere Rolle. Es ging Gropius um die Erschaffung einer neuen Art von architektonischer Monumentalität. Gropius sah sich diesbezüglich in einer Tradition, zu der die Verbindung seit langem abgerissen war und die es somit erst wieder freizulegen galt: Mit der Kunsttheorie von Alois Riegls »Kunstwollen« zielte er auf eine Rückkehr zur Harmonie des antiken Massenbaus, der nicht durch Hinzufügen [wie in der Renaissance], sondern durch vorsichtiges Hinwegnehmen [z.B. durch filigrane Nuten und Kannelüren] aus einem klaren Baukörper entstehen sollte. [11] Ein so konzipierter Bau wäre in seiner Betonung des Seriellen und Geschlossenen schnell erfassbar und würde damit auch bestens auf die Schnelligkeit der neuen Fortbewegungsmittel reagieren. Licht bekam so eine neue Bedeutung in der Verbindung anverwandelter antiker Prinzipien und dem Einsatz neuer Techniken. Die Architektur des Fagus-Werks ist trotz des transparenten Materials Glas klar als seriell gegliederter Körper erkennbar. Mit einer stützenfreien, transparenten Ecke steht der Bau neben der Bahnlinie, von

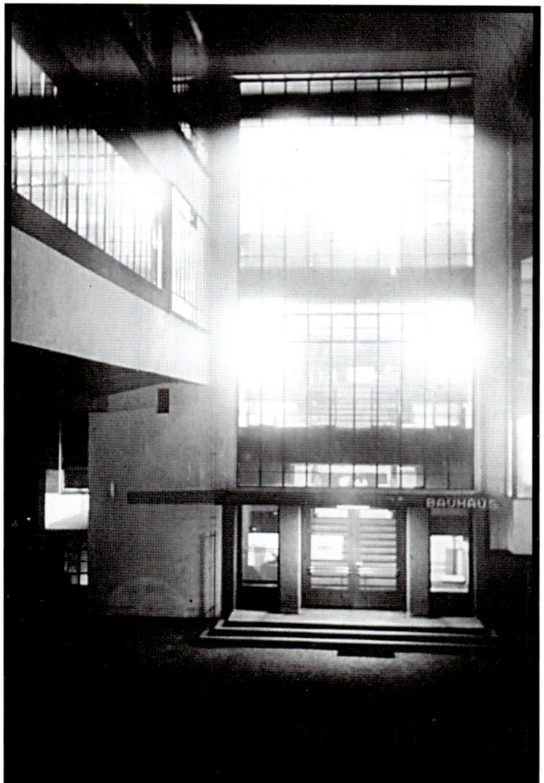

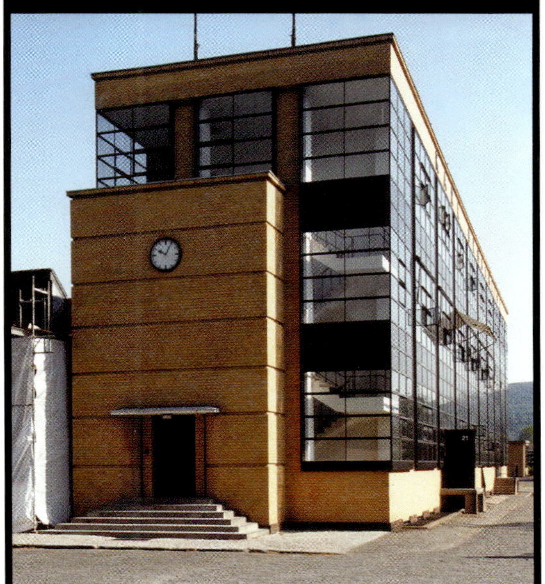

13 Edmund Collein, Bauhausgebäude [Nachtaufnahme], um 1928 | 14 Walter Gropius & Adolf Meyer, Fagus-Werk, Alfeld [Leine], 1911 – 1914, Foto: 1994

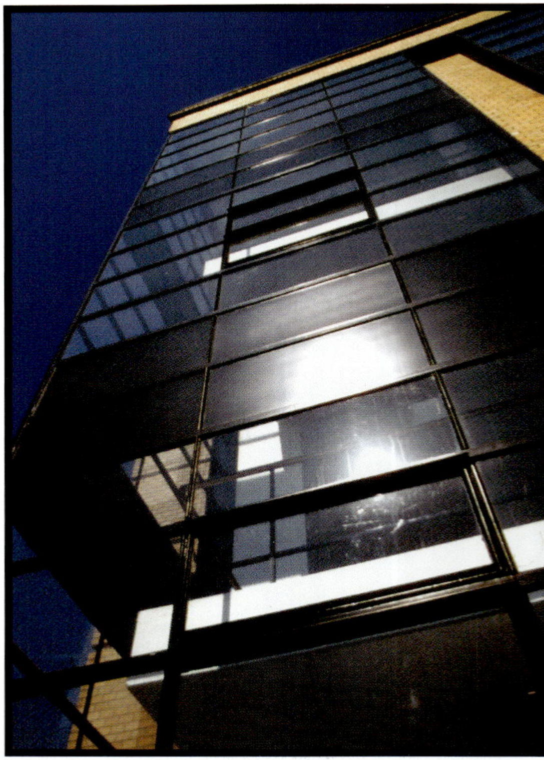

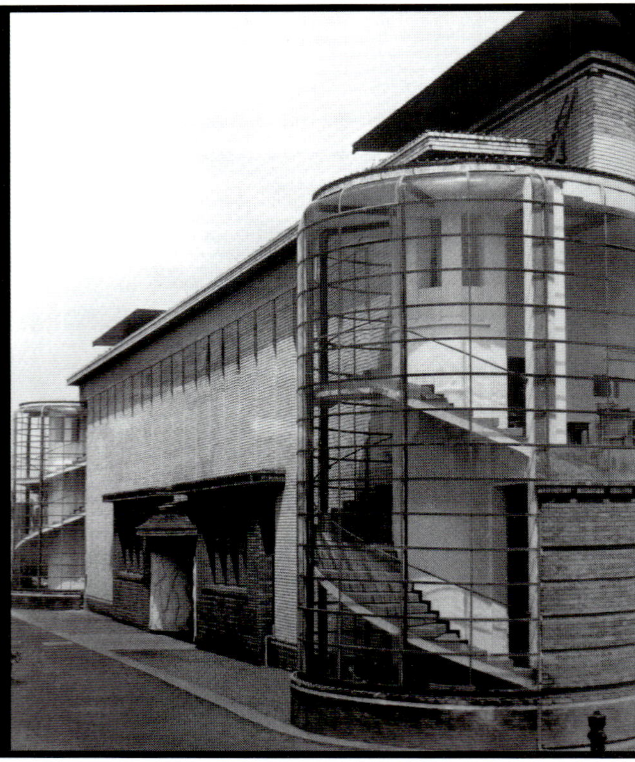

der aus auch der bewegte Betrachter – aus der fahrenden Eisenbahn heraus – geradezu filmisch ein Bild der Modernität des nach amerikanischem Vorbild organisierten Betriebs bekommt. Wichtig war Gropius auch die fotografische Wirkung, auf die hin der Bau gestaltet ist. Je nach Blickwinkel des Betrachters changiert die gläserne Oberfläche zwischen Transparenz und lichtundurchlässiger Reflexion. Ein ähnliches Vorgehen kennzeichnet auch Gropius' Werkbund-Bau von 1914. Die als sensationell empfundenen verglasten Treppenhäuser waren als Eckpylonen körperhaft gefasst. Neben altägyptischen Vorbildern und Einflüssen des amerikanischen Architekten Frank Lloyd Wright kennzeichnen den Bau gleichermaßen Dynamik in der Sichtbarmachung der inneren Bewegungsabläufe und eine Statik durch die symmetrische Komposition. Die Oberflächen dienen der Erzeugung von Körperhaftigkeit, ohne vordergründigen Bezug auf ihre Materialität zu nehmen. Diese Besonderheit eines »modernen Historizismus« kennzeichnet auch das geradezu gegensätzliche Spiel mit Materialien: Glas für die Eckpylonen, Ziegel für die serielle Gliederung der Wände. Das alles zielte nicht auf Material-, sondern auf eine »Mediengerechtheit« – dazu gehörte ganz wesentlich die »Fotogenität« dieser Architektur. Auch beim zweiten, nach dem Werkbund-Bau im Jahr 1914 beendeten Bauabschnitt des Fagus-Werks stand die fotografische Darstellbarkeit im Vordergrund. Ein neuer Eingangsbereich wurde dem Bürogebäude asymmetrisch angefügt, dessen Schattenfugen die horizontale Gliederung der durch nach innen geböschte Ziegelpfeiler

15 Walter Gropius & Adolf Meyer, Ecke des Bürotrakts des Fagus-Werks, Alfeld [Leine], 1914, Foto: 1994 | 16 Walter Gropius & Adolf Meyer, Bürobau der Musterfabrik auf der Werkbundausstellung, Köln, 1914

geteilten Glasfassade aufnehmen. Die Treppe wurde im stützenfreien Eckbereich platziert, die Decken stoßen nicht an die Außenwand. Wie die runden Treppen im Werkbund-Bau scheint auch diese Treppe frei zu schweben. Deutlich ist zu sehen, wie die klar und scharf konturierte Glasecke zwischen Körperhaftigkeit und Transparenz oszilliert und die nach innen geneigten Ziegelpfeiler diese Erscheinung unterstützen. Die Schattenfugen wirken dabei gegen den klassischen Ausdruck einer Ziegelwand und unterstützen das Bild von Modernität. Rolf Sachsse hat auf ein entscheidendes Moment der Arbeitsweise von Gropius hingewiesen, die darin bestand, dass der Architekt ein Bildarchiv seiner Bauten mit gewissermaßen standardisierten fotografischen Ansichten anlegte. Die Art der Beleuchtung spielte dabei eine wesentliche Rolle: »Wie in der deutschen Industriebau-Photographie«, so Sachsse, entschied sich Gropius für die »Auswahl eines stark konturierenden Sonnenlichts bei voluminösen Objekten oder einer diffusen Beleuchtung bei flächigen Bauten«. [12]

Das Erlebnis des Ersten Weltkriegs zerstörte Gropius' Hoffnungen auf eine neue Architektur. Für Gropius und das 1919 von ihm gegründete Bauhaus hieß das, Abstand zu nehmen von den Konzepten einer auf industriellen Grundlagen gestellten Kultur. Das frühe Bauhaus und Gropius' Schaffen in diesen Jahren wandte sich zurück, hin zu einem wieder auf handwerklicher Arbeit basierenden Leben. Das schon erwähnte Haus Sommerfeld betonte so die Abgeschlossenheit, das Bergende der häuslichen Innenwelt. Gesucht war weniger der Kontakt mit der Außenwelt, als vielmehr ein davon getrennter, inszenierter Innenraum. Das Licht strömte durch das farbige Glas großer Fensterflächen, für die der Bauhausgeselle Josef Albers die Entwürfe lieferte. Wie in einem gotischen Dom wurde das tagsüber im Sonnenlicht erstrahlende Glas zur prachtvoll-farbigen Illuminierung des Innenraums. Die künstliche Beleuchtung lieferten von Glühlampen erhellte kristallin geformte Leuchten mit Milchglasscheiben.

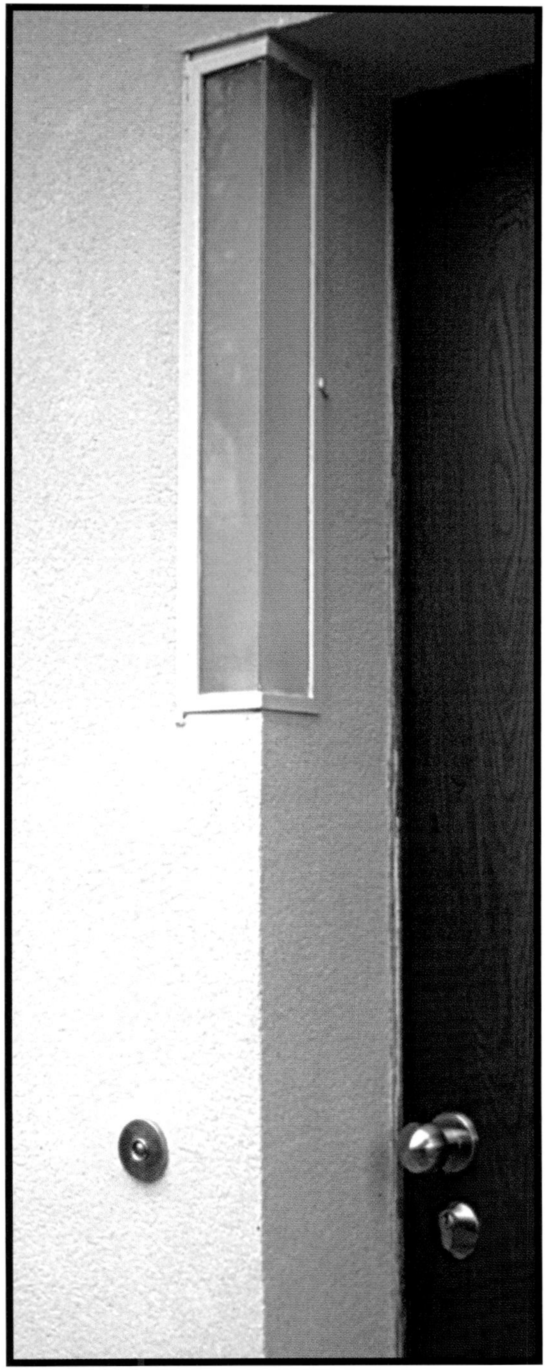

17 Haus Am Horn, Weimar, Leuchte an der Eingangstür nach der Rekonstruktion, Foto: 1999

2.2. Walter Gropius: Modulation von Licht und Raum

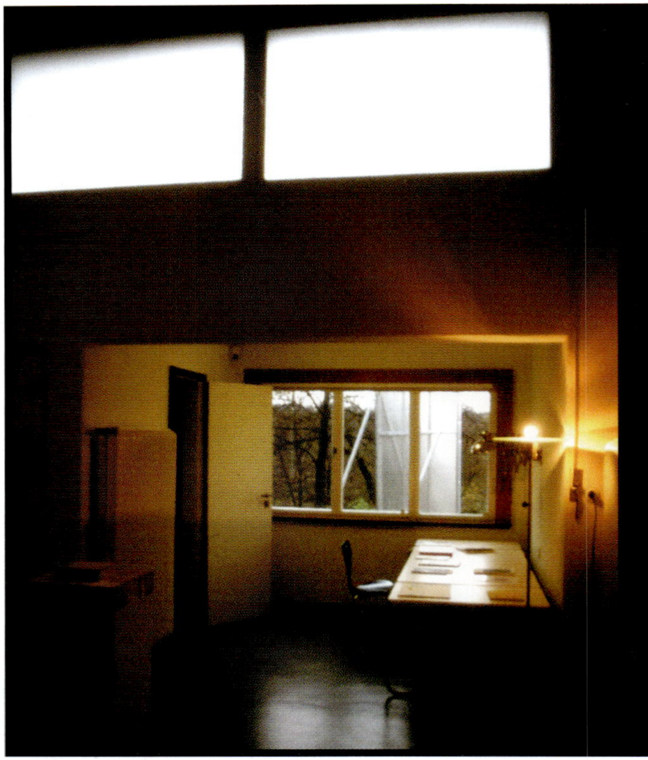

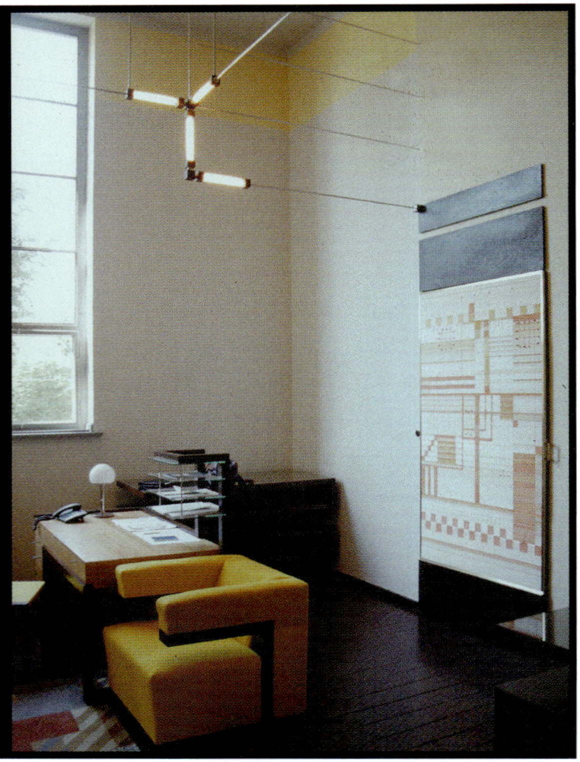

Doch schon bald revidierte Walter Gropius im Prozess der Neuorientierung des Bauhauses dieses Konzept. Mit Industriebau- und Wettbewerbsentwürfen näherte er sich wieder seinen Ansichten und Konzepten von vor 1914 an. Das erste aus diesem neuen Geist entwickelte Gebäude, das man unmittelbar mit dem Bauhaus verband, war das Experimentalhaus Am Horn, das zur großen Bauhaus-Ausstellung des Spätsommers 1923 in Weimar fertig gestellt wurde. Entworfen hatte es Georg Muche, die Projektierung geschah unter Leitung von Adolf Meyer im Büro von Walter Gropius. In diesem modernen Haus ist bei aller Verwendung serieller Produkte wie vorgefertigter Fenster und neuer Baumaterialien und der in kühlem Licht Modernität suggerierenden glatten Wände und klaren Kuben noch ein Bezug zu mittelalterlichen Raumvorstellungen wirksam, sozusagen aus dem Expressionistischen des Hauses Sommerfeld nun ins Konstruktivistische gewandelt: Der bis auf ein Fenster einer Arbeitsnische nur von Oberlichtern erhellte zentrale Raum verweist die darin Weilenden auf sich selbst, ganz wie z. B. im Chor einer gotischen Kirche. Es ist eine moderne Innerlichkeit und elektrisches Licht kommt in konstruktivistischen Leuchten zur Geltung, die, wie die Stehleuchte von Gyula Pap, als schlanke, aus klaren geometrischen Formen gebildete Plastiken die reflektierenden Materialien Stahl und Glas und das Serienprodukt Glühlampe feiern oder als kubische, selbst leuchtende Gebilde sich in die glatte Geometrie der Einbaumöbel integrieren. Auch das 1924 in Jena gebaute Haus Auerbach, das erste Wohnhaus mit

18 Haus Am Horn, Weimar, Stehleuchte von Gyula Pap, Foto: 1999 | 19 Walter Gropius, Direktorenzimmer in Weimar nach der Rekonstruktion, Foto: 2000

Flachdach im Œuvre von Gropius [entworfen mit Adolf Meyer], wird von kastenförmigen elektrischen Leuchten erhellt. Gleichzeitig mit dem Haus Am Horn entstand – als perfekter Würfel – das von Walter Gropius entworfene Direktorenzimmer im Innern des Schulgebäudes von Henry van de Velde. Für diesen für den Wandel des Bauhauses so programmatischen Raum verwendete Gropius andere Serienprodukte der elektrischen Beleuchtung, nämlich Röhrenlampen mit Stäben, die er in das sichtbare wie auch virtuelle konstruktivistische, von der holländischen De-Stijl-Bewegung beeinflusste Gitterwerk einpasste. Der Eindruck solcher Lichtgestaltung auf die Zeitgenossen war sehr groß, die Fachpresse wertete dies vor allem als Sachlichkeit im Sinne optimaler Beleuchtung. Über eine mit vier Metallstäben an die Decke montierten, aus einer Milchglasscheibe vor Glühlampen bestehenden Leuchte aus dem Haus Am Horn schrieb die Fachzeitschrift »Stein Holz Eisen« 1926 »Das entstehende Licht ist schattenlos. In der Formgebung der unteren Mattglasplatte ist einige Abwechslung möglich und eine Vergrößerung – bei gleichzeitiger Vervielfachung der Lampen – ergibt sehr eindrucksvolle Lichtkörper.« [13] Zur Beleuchtung des Direktorenzimmers hieß es an gleicher Stelle: »Man sieht ihrer unbedingten Sachlichkeit die Herkunft aus dem Bauhaus sofort an. Hier sind nicht nur die Lampen in Formen, wie sie auf dem Theater gebraucht werden, gezeigt, sondern es sind sogar die Zuleitungen zu sehen. Die Aluminiumrohre, in denen sie untergebracht sind, sind für die Raumgestaltung nutzbar gemacht.« [14] Resümierend wird den beiden Konzepten elektrischer Beleuchtung von 1923 attestiert, dass sie »im Zusammenhang mit der ein- oder mehrfarbigen Behandlung der Decke noch ein weites Feld vor sich« haben werden. [15]

Beim 1925 bis 1926 entstandenen Bauhausgebäude zeigt sich die mediale Prägung des Entwurfsprozesses auch an den im Auftrag von Gropius gefertigten Fotografien von Lucia Moholy und Erich Consemüller, die ganz im Sinne der genannten deutschen Industriebau-Fotografie stehen. Walter Gropius selbst verwies damals vor allem auf die Anregungen aus dem Werk bildender Künstler. Er nannte diese die »Problematiker unter den modernen Malern«. Hierzu zählte er z. B. die Bauhausmeister Paul Klee oder Wassily Kandinsky, auch wegen des ausgesprochenen Interesses an der theoretischen Durchdringung ihres Tuns.

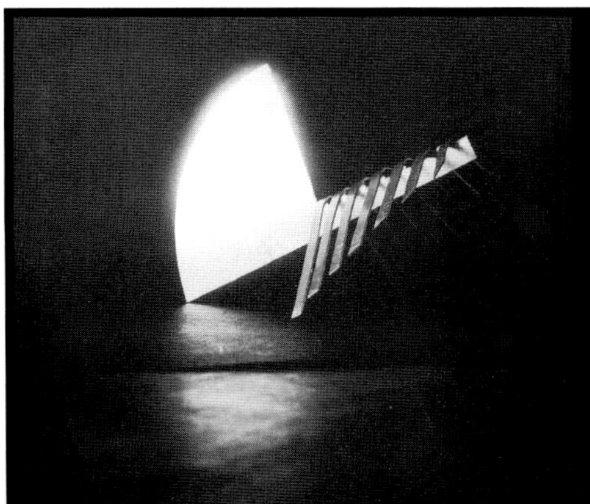

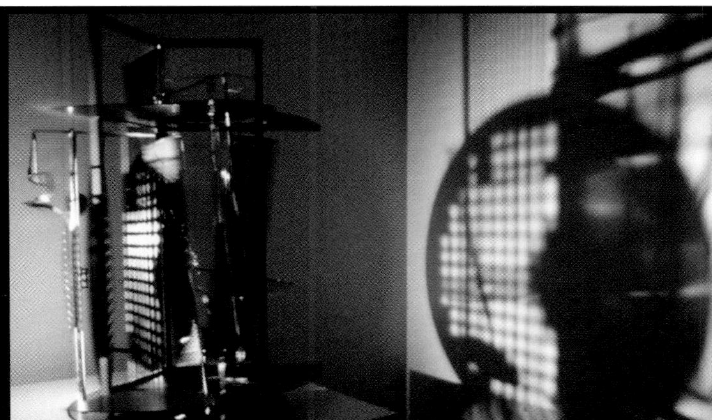

20 Herbert Wegehaupt, Übung [Materialstudie in Blech] aus dem Vorkurs von Josef Albers, Fotografie [Fotograf unbekannt], 1926
21 László Moholy-Nagy, Licht-Raum-Modulator, 1922 – 1930, Nachbau im Bauhaus-Archiv Berlin

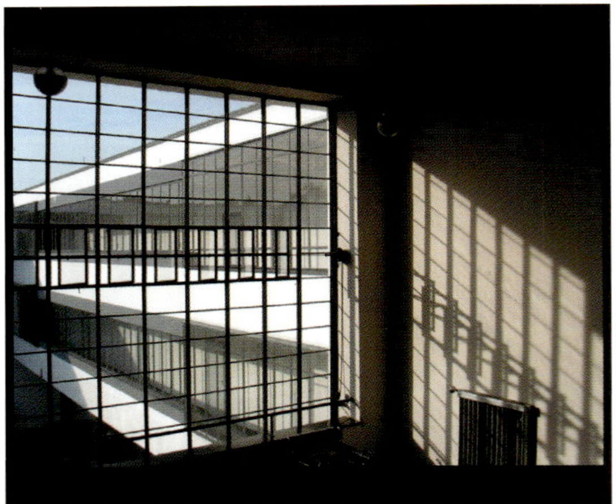

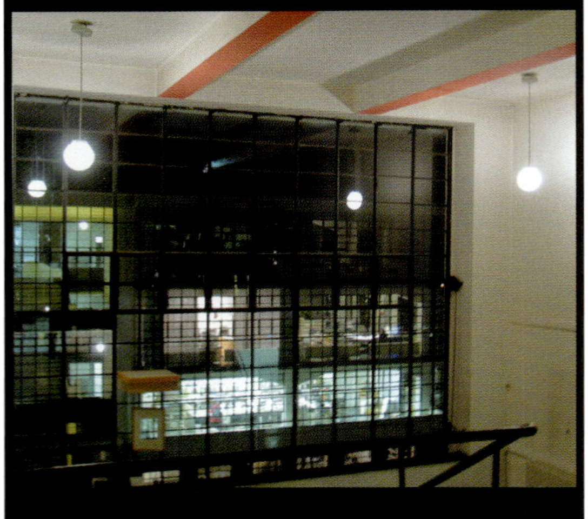

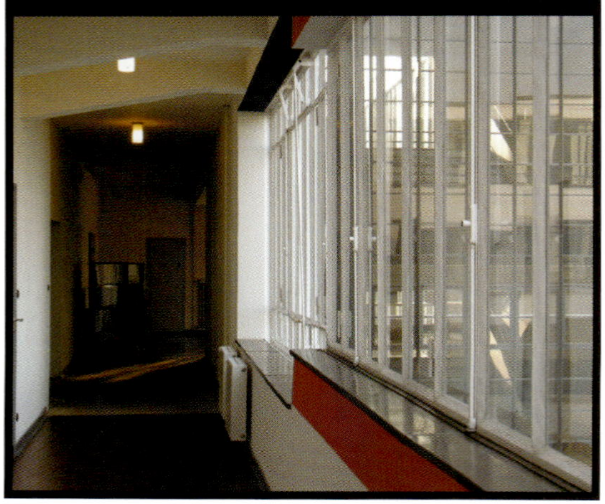

Von ihnen, so Gropius 1930, war die »Wiedereroberung des abstrakten Raumes« ausgegangen. [16] Ein ganz entscheidender Impuls kam aber vom Künstler und Medientheoretiker László Moholy-Nagy. 1925 veröffentlichte Moholy-Nagy, der 1923 ans Bauhaus kam und – so sein Kollege Oskar Schlemmer – Gropius' »Ministerpräsident« wurde, als Band 8 der Bauhaus-Bücher seine Publikation »Malerei, Fotographie, Film«. In diesem Buch suchte Moholy-Nagy nach den Grundlagen der »statischen und kinetischen optischen Gestaltung [...] mit dem Material Licht«. [17] Moholy-Nagy hatte einige Jahre zuvor die kameralose Fotografie entdeckt, er schwärmte vom Malen mit Licht. In seiner Theorie spielt demzufolge auch das damals noch junge Medium Film eine entscheidende Rolle. Auch das Bauhausgebäude ist geprägt von einer konzeptuellen Einbindung von filmischen Wahrnehmmungsmustern, wie z. B. im damals Furore machenden Eisenstein-Film »Panzerkreuzer Potemkin«, der Gropius nachweislich beeindruckte. Viel stärker und ganz anders als in tradierten Bauten gab es nun beim Erleben der Architektur des Bauhausgebäudes Schnitte und abrupte Perspektivwechsel. Der Betrachter wird zur physischen wie optischen Bewegung herausgefordert, das Licht spielt dabei eine entscheidende Rolle. Es beleuchtet, es blendet, es strömt vielfach variiert auf den Betrachter ein. Die Architektur wird zum Lichtraum, zu einem ganz entscheidend über das Licht organisierten »Wahrnehmungsdispositiv«, das mit schneller Erfassbarkeit dem bewegten Auge zunächst keinen Widerstand entgegensetzt und sich dann erklärt, sich in seiner Transparenz offen legt. In dieser Schulung des Auges lag nicht zuletzt ein pädagogisches Ethos: Den Menschen zu einem besseren, aktiven Leben zu befähigen. László Moholy-Nagy sprach 1929 davon, dass »Raumgestaltung [...] heute ein Verwobensein von Raumteilen« ist, »die meist in unsichtbaren, aber deutlich spürbaren Bewegungsbeziehungen aller Dimensionsrichtungen und in fluktuierenden Kräfteverhältnissen verankert sind«. [18] Moholy-Nagy hatte sein

22 Bauhausgebäude, Schattenspiel im Treppenhaus, Foto: 2002 | 23 Bauhausgebäude, Blick zum Werkstattflügel aus dem erleuchteten Treppenhaus des nördlichen Trakts, Foto: 2003 | 24 Bauhausgebäude, Blick zum Foyer im ersten Obergeschoss aus dem Gang des Brückentrakts, Foto: 2004

künstlerisches Schaffen vor 1920 mit traditionellen malerischen und grafischen Mitteln begonnen. Aus dem Überlagern von Flächen entstand in diesen Bildern ein transparenter, dynamischer und lichter, zumeist gleichmäßig erhellter Raum. Im von ihm geleiteten Vorkurs des Bauhauses entwickelten die Studierenden zwei- und dreidimensionale Studien, von denen einige, in schwingende Bewegung gesetzt, virtuelle Volumen erzeugten. Geschult durch den neuen fotografischen Blick, beobachtete man nun in Details der alltäglichen Realität, wie sich aus Schichtungen von Flächen ungewohnte Raumsichten ergaben. Die Entwicklung führte Moholy-Nagy zum »Licht-Raum-Modulator«, auch »Lichtrequisit für eine mechanisch bewegte Bühne« genannt, einer bewegten Plastik, die mit unterschiedlichsten metallischen wie gläsernen Teilen das auf sie fallende Licht brach, reflektierte und anderweitig variantenreich modulierte. Begonnen hatte Moholy-Nagy diese kinetische Plastik im Jahre 1922, er vollendet sie 1930, also genau in der Zeit der intensivsten Zusammenarbeit mit Gropius und in gemeinsamer Arbeit mit dem Ingenieur Stefan Sebök, der damals Mitarbeiter im Baubüro Gropius war. Moholy-Nagys Programm einer visuellen Grammatik von der Fläche zum Raum bezieht also alte wie neue Medien ein: von der »Hardware« wie z. B. Malerei mit Öl auf Leinwand zur »Software« des Programms einer Maschine, die mit Licht virtuellen Raum erzeugt. Die Konsequenz ist am Bauhausgebäude nachzuvollziehen, z. B. an den hellen, modulierten Farbtönen der inneren Wände [nach dem Farbkonzept von Hinnerk Scheper]. Dort besitzt der Schattenwurf des einfallenden Lichts, ohne Konkurrenz zu einem Ornament, die gleiche Bedeutung und formale Kraft wie die von innen hell gestrichenen filigranen Raster der Fenster. Hier kann man mit Johann Wolfgang Goethe von der »Versöhnung des Lichtes mit dem Schatten« sprechen. [19] Das Gebäude wird zur selbstleuchtenden bzw. lichtdurchströmten, transparenten Licht-Raum-Maschine. Das Glas der Vorhangfassade wirkt aus der Ferne als Körper und von Nahem betrachtet als durchlässiges Medium und stellt somit den »Zusammenhang des Innenraums mit dem Allraum« her. [20] Das Tageslicht dringt bis in die Tiefe des Raums. »Licht, Luft, Bewegung, Öffnung« war ein Motto jener Jahre, verknüpft mit hygienischen wie sozialen Zielen des Neuen Bauens, das Sigfried Giedion 1929 in seinem Buch »Befreites Wohnen« formulierte. [21]

Einige Kritiker haben an der Architektur des Bauhauses einen Verlust von inhaltlichem Ausdrucksvermögen ausgemacht. In dieser Lesart hat die Abstraktion auch die Bedeutung erfasst, ohne dass erkannt wird, dass es dabei auch um die Entwicklung einer neuen Sprache von Architektur gehen könnte. Denn mit dem Bauhausgebäude schuf Gropius zugleich ein durchaus nicht inhaltsleeres Bild industrieller Fertigung: Heizkörper, Öffnungsmechanismen, z. T. auch Stromleitungen sind in ihrer Technizität, ganz ohne Verkleidung präsent. Durch Anstriche und andere Bearbeitungen erreichte Oberflächenqualitäten, die das Licht unterschiedlich modulieren, wird dies noch betont. Man kann die Wirkung dieser Ausstattungsobjekte im Bauhausgebäude durchaus mit dem damals schon bekannten Kunstkonzept Marcel Duchamps vergleichen, ausgewählte Alltagsgegenstände im Kontext von Kunstausstellungen als so genannte Ready-mades zu präsentieren. So wie bei Duchamp profane, ganz auf ihre Nützlichkeit und Zweckerfüllung reduzierte Gegenstände wie Fahrrad-Speichenräder erst durch den musealen Raum zu Kunstwerken werden, erzeugt im Bauhausgebäude die Platzierung eines Heizungsradiator an pro-

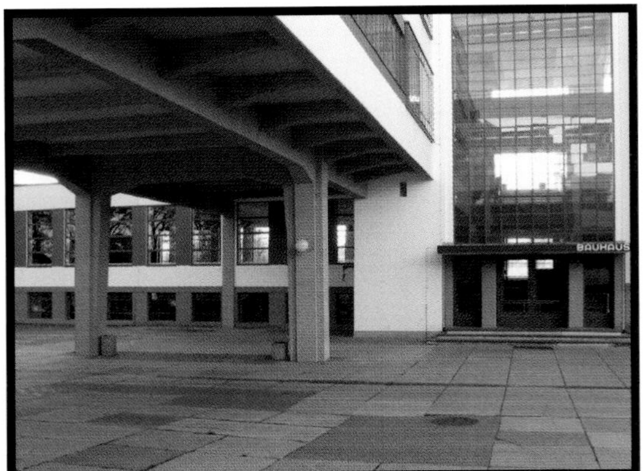

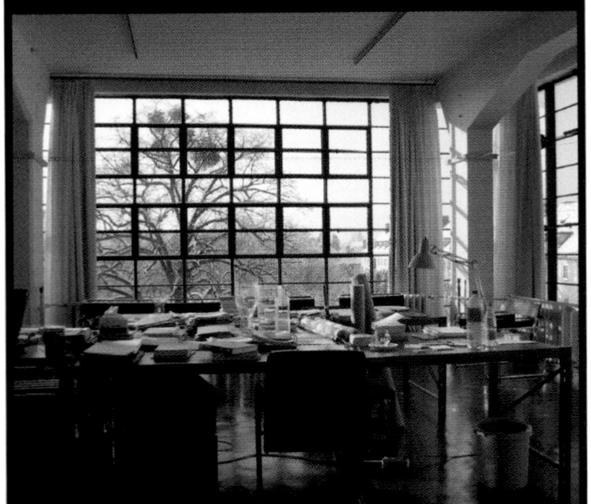

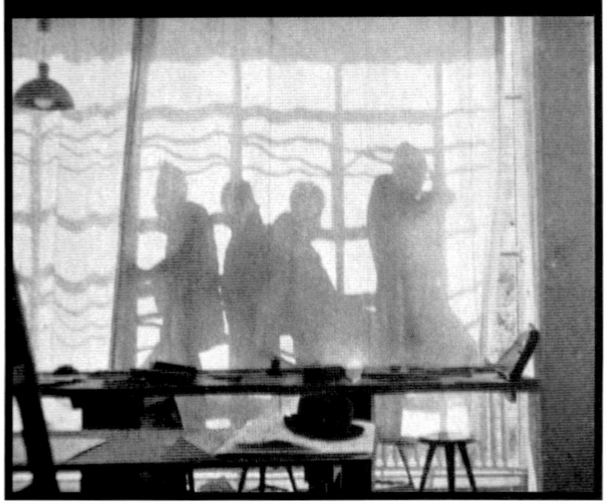

minenter Stelle – ganz wie ein vom Seitenlicht belebtes Relief – oder die Bewegung der Öffnungsmechanismen – als Licht modulierender Akzent in der Fassade – die Wahrnehmung dieser technischen, von unbekannten Ingenieuren geschaffenen Gegenstände als ästhetisch interessante, ja Kunstobjekte. Auch die Architektur selbst zeigt beim Annähern ein Bild ihres Zusammengesetzt-Seins, unterstützt von der Lichtführung. Der Blick unter die Brücke ist wie ein Blick unter eine damalige Automobilkarosserie. Der Rahmen, hier also das konstruktive Skelett des Gebäudes, wird mit Gropius' Worten »nackt und strahlend klar aus innerem Gesetz heraus, ohne Lügen und Verspieltheiten« gezeigt. [22] Die Oberflächen mit rauem Putz, das Licht diffus brechend, stehen für diese konstruktiven Elemente, die deutlich als aufgetragen zu sehen sind. Die weiße Wand, das Licht extrem reflektierend, erscheint hier wie das dünne Blech einer auf den Rahmen montierten Automobilkarosserie. Die Merkmale von Gropius' architektonischer Methode in Bezug auf den Umgang mit dem Licht lassen sich folgendermaßen zusammenfassen. Erstens: Gropius arbeitet konsequent medial. Die fotografischen Standardansichten, von denen er ausgeht, sind selbst in den perspektivischen Zeichnungen von Carl Fieger präsent. Zweitens: Die Architektur weist einen dynamischen Raum-Zeit-Aspekt auf. Wie in einem Film mit harten Schnitten wird der Benutzer dieser Architektur durchs Haus geführt. Die mögliche Simultanität hat Sigfried Giedion 1941 auf einer Doppelseite des Buches »Time, Space, Architecture« zu seinem berühmten Vergleich der »transparenten Ecke« des Bauhausgebäudes mit einem kubistischen Picasso-Bild [bei dem auch mehrere Seiten eines Körpers auf einmal erfahrbar sind] geführt. [23] Die Glasflächen oszillieren zwischen transparent und reflektierend bzw. undurchsichtig. Drittens: Die Bezüge zu tradierten Architekturmotiven werden auch durch die unterschiedliche Lichtbrechung der Oberflächen deutlich: Das Thema Stütze und Balken wird an Details der Sockelzone vorgeführt, die dort das Tragen und Lasten

25 Bauhausgebäude, Brückentrakt und Haupteingang, Foto: 2004 | 26 Bauhausgebäude, Werkstattflügel, Foto: 2003 | 27 »Bauhausschatten«, Abb. Bauhauszeitschrift, Heft 4|1928. Das Foto entstand im Werkstattflügel des Bauhausgebäudes, links die Pendelzugleuchte von Marianne Brandt und Hans Przyrembel

symbolisieren, während – deutlich als aufgesetzt vorgeführt – die weiße Putzschicht als Haut erscheint und die Glasflächen des Werkstättentrakts zu schweben scheinen. Der raue Putz der Sockelzone steht »erdgebunden« für die zu verabschiedende »Tradition«, die perfekte, leichte weiße Haut für den neuen Körper der Moderne. Viertens: Gropius geht es beim Bauhausgebäude wie Moholy-Nagy bei seinem Licht-Raum-Modulator um Abstraktion: der Raum, die Fläche, das Licht, die Farbe. Es geht nicht unbedingt um das Zeigen der wirklichen Struktur, sondern um ein Bild von Struktur. Es gibt auch kein Zeigen der Materialität der eingesetzten Baustoffe Beton, Holz, Metall: Es sind immer farbige Oberflächen, und ihr jeweiliger Anmutungswert von stumpf bis glänzend dient räumlichen Effekten: Metallische Oberflächen für Halterungen für Handläufe, Türklinken oder Lampen, rauen Putz für den Sockel. Interessant sind die Nuancen: So sind die Fest-, Wohn- und Speisezimmer und die Räume für die geistigen Tätigkeiten sowie die Treppenhäuser exakt und glatt verputzt, dort kommt bei metallischen Gegenständen das hell glänzende Nickel in Anwendung. In den Werkstätten bleiben die Decken unverputzt, Hocker u. a. Gegenstände werden mit weniger glänzenden Oberflächen versehen.

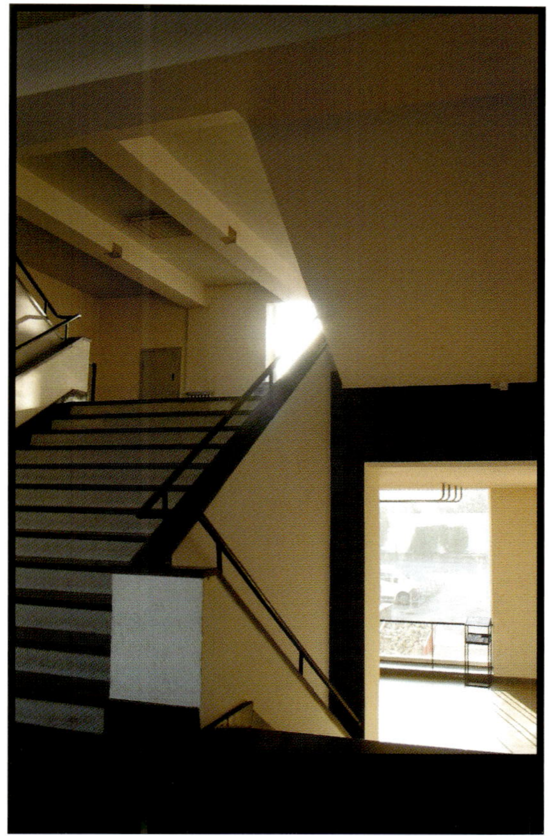

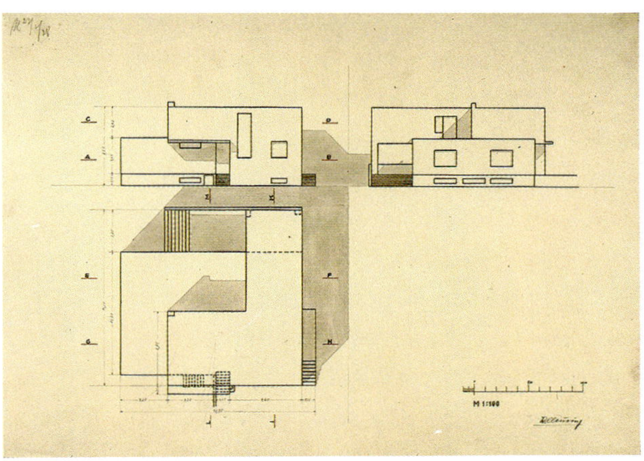

28 Bauhausgebäude, Haupttreppenhaus, Foto: 2004 | 29 Hugo Clausing, Ansichten des Direktorenhauses in der Meisterhaussiedlung mit eingezeichnetem Schattenwurf der Morgensonne. Die Zeichnung entstand 1928 im Unterricht von Friedrich Köhn.

2.3. Hannes Meyer: Licht für ein »Maximum an Lebensäußerungen«

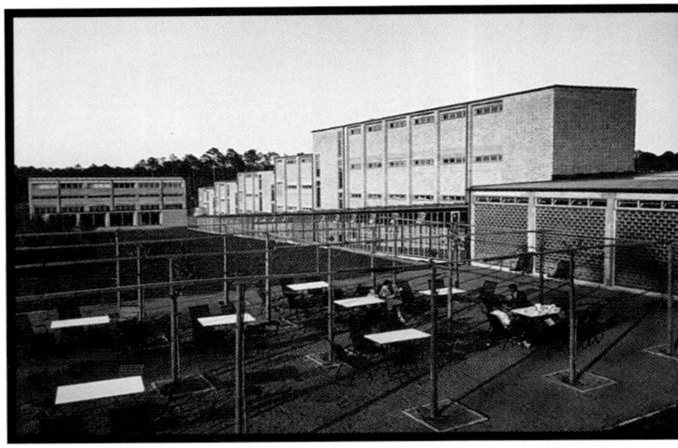

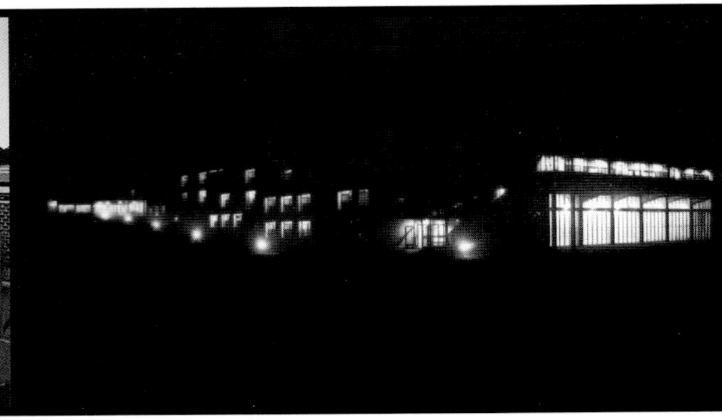

Es gab am Bauhaus auch andere Konzepte zum Umgang mit Licht in der Architektur. Als Walter Gropius nach der Übersiedelung des Bauhauses nach Dessau an die Einrichtung einer Architekturabteilung ging, fiel seine Wahl nach einer Zeit des Suchens auf den Schweizer Architekten Hannes Meyer. Hannes Meyer übernahm mit Beginn des Sommersemesters die erste reguläre Architekturabteilung der Schule, und 1928, nach Gropius' Weggang, wurde er der zweite Bauhausdirektor. In Übereinstimmung mit Gropius begriff Meyer Architektur wesentlich als »Gestaltung von Lebensvorgängen«, ging jedoch über die für ihn zu sehr auf den Gegenstand fixierte »Wesensforschung« von Gropius hinaus. Er orientierte sich darauf, die konkreten gesellschaftlichen Voraussetzungen und Bedingtheiten von Architektur und ihrer Nutzung zum Ausgangspunkt allen Planens und Gestaltens zu machen. [24] Mit wissenschaftlicher Akribie untersuchten nun Bauhäusler die Lebensbedingungen und -gewohnheiten der zukünftigen Bewohner einer Siedlung. Natürlich spielte dabei der bewusste Umgang mit Licht eine große Rolle. Hannes Meyer bemühte sich noch stärker als Gropius, wissenschaftlich an die Lichtproblematik heranzugehen und suchte die Verbindung zu Forschungsinstituten und führenden Firmen. So gab es im Unterricht das Thema »Tageslicht«; dabei wurden z. B. die »Beleuchtungsstärken nach Angaben der Deutschen Beleuchtungstechnischen Gesellschaft Berlin« zugrunde gelegt. Erhaltene Unterrichtsmitschriften von Studierenden beinhalten Notizen und Zeichnungen zu »optimalen Beleuchtungsstärken für Straßenplätze, Innenräume, Schaufenster, Arbeitsplätze«, zu »Beleuchtung« [Umgang mit dem natürlichen Licht] und »Belichtung« [Einsatz des elektrischen Lichts]. [25] Unter Hannes Meyer entstanden Gemeinschaftsbauten des Bauhauses in einer neuen Qualität, indem Studierende unterschiedlicher Studienjahre entsprechend ihrer unterschiedlichen Erfahrungen in vertikal strukturierten Arbeitsgruppen vom Entwurf bis zur Realisierung von Bauten zusammenarbeiteten. Das größte realisierte Projekt der Ära Hannes Meyer war die Bundesschule für den Allgemeinen Deutschen Gewerkschaftsbund [ADGB] in Bernau bei Berlin. Der von 1928 bis 1930 entstandene Bau der Architekten Hannes Meyer und Hans Wittwer [unter Einbeziehung der Architekturabteilung des Bauhauses Dessau, wie Meyer immer betonte] wurde von Meyer selbst als »plastische Umsetzung [... der] sozial-pädagogischen Funktionen« bezeichnet. [26] Die Planung des Lichts spielte dabei eine wichtige Rolle. Hannes Meyer war sehr darauf bedacht, in keinen architektonischen Formalismus oder bautechnischen Schematismus zu verfallen. Ähnlich wie

30 Bundesschule des ADGB, Blick auf Wohnflügel [rechts] und Lehrflügel [links hinten], vorn der beschattete Sitzbereich, 1930
31 Bundesschule des ADGB bei Nacht, rechts der Flügel mit der Turnhalle und den darüber liegenden Lehrräumen, 1930

Gropius setzte er neben traditionellen Techniken auf serielle Elemente, betonte jedoch, dass die Technik nicht Selbstzweck werden dürfe: »Keine Skelettbauweise, wenn mühsam erkämpft, keine Betonbauweise, wenn Lehm und Backstein am Bau liegen, kein modisch flaches Dach, wenn Pultdach besser besonnt«. [27] An der Bundesschule kann das Konzept dieses »biologischen Bauens«, wie es Hannes Meyer selbst nannte, nachvollzogen werden: Der »Schulorganismus« sollte so gestaltet werden, dass ein »Maximum an Lebensäußerungen« geboten wird. [28] Klaus-Jürgen Winkler hat darauf hingewiesen, dass damit »ein ganzes Weltbild in den Schulbau hineingelegt« wurde: »Die soziale Utopie in Form einer ›Schulkommune‹ und einer ›Wohngemeinschaft‹ als Modellfall für die künftige Gesellschaft. Das Bauwerk als ein Instrument der Leistungserfüllung im Sinne der Moderne. Das Menschenwerk im Verhältnis zur Natur.« [29] Hannes Meyer, Hans Wittwer und die anderen am Entwurf Beteiligten berücksichtigten somit pädagogische, psychologische und dezidiert hygienische Erkenntnisse ihrer Zeit. Es liegt auf der Hand, dass die Lichtplanung eine immense Rolle dabei spielte. So liest man in Hannes Meyers »Erläuterungen zum Schulprojekt«: »Die Durchbildung der drei Hörsäle ist typisch für die Übertragung schulbiologischer Erfordernisse ins Bauwerk: Beidseitig hohes Seitenlicht sichert 50-100 Lux Tageslichtstärke auf den Arbeitsflächen aller Tische. Beidseitig von den Längsseiten zur Hörsaalachse geneigte Deckenflächen erhöhen, besonders an trüben Tagen, die Tageslichtreflexion. Die zweiseitig geneigten Deckenflächen ermöglichen eine selbsttätige Zuleitung der verbrauchten... Luft zu den Drehflügeln der hohen Seitenfenster. Sie sind die Reflexionsflächen der indirekten künstlichen Beleuchtung durch die verstellbaren Zeiss-Icon-Spiegelreflektoren, welche an beiden Längswänden angebracht sind [...] Typisch ist auch die Anordnung einseitiger Schlitzfenster in der Augenhöhe des sitzenden Menschen: veränderte Akkommodation des vom ungewohnten Studium ermüdeten Arbeiterauges von der Schreibfläche durch den Fernblick an den Waldrand.

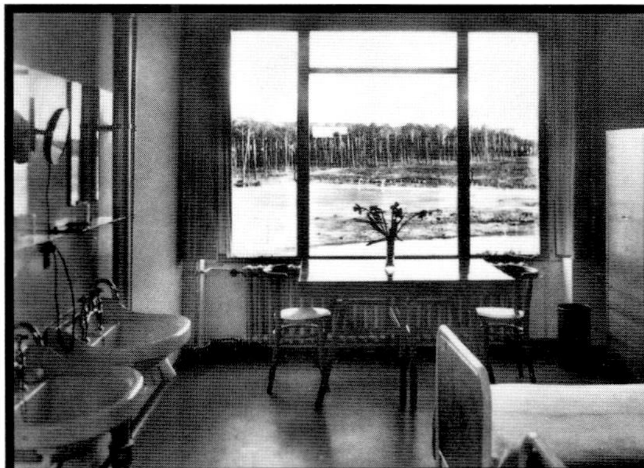

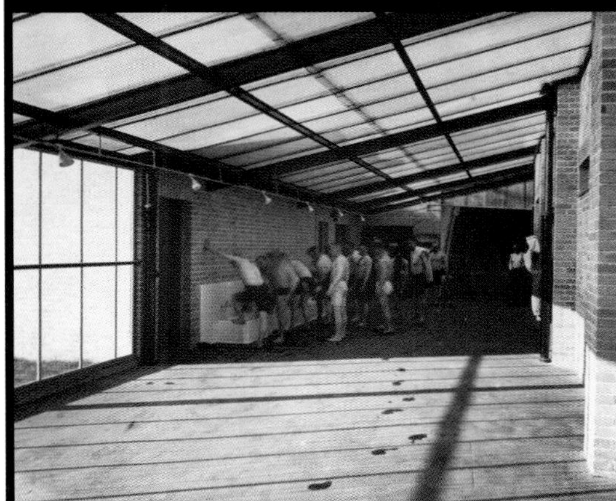

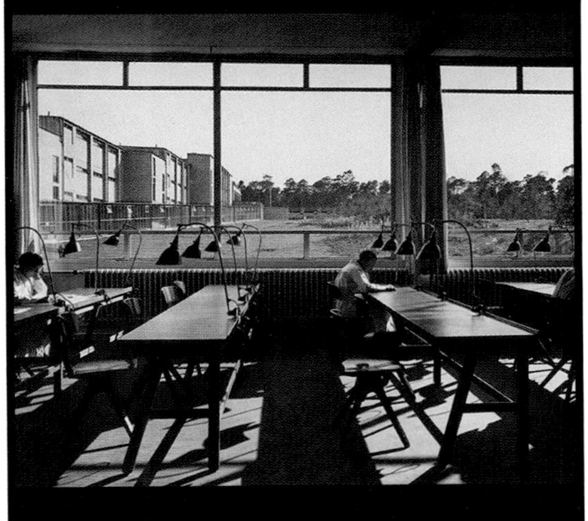

32 Bundesschule des ADGB, Wohnraum für die Kursteilnehmer, 1930 | 33 Bundesschule des ADGB, Fußwaschbecken im Verbindungsgang, 1930
34 Bundesschule des ADGB, Bibliothek mit Midgard-Lampen, 1930

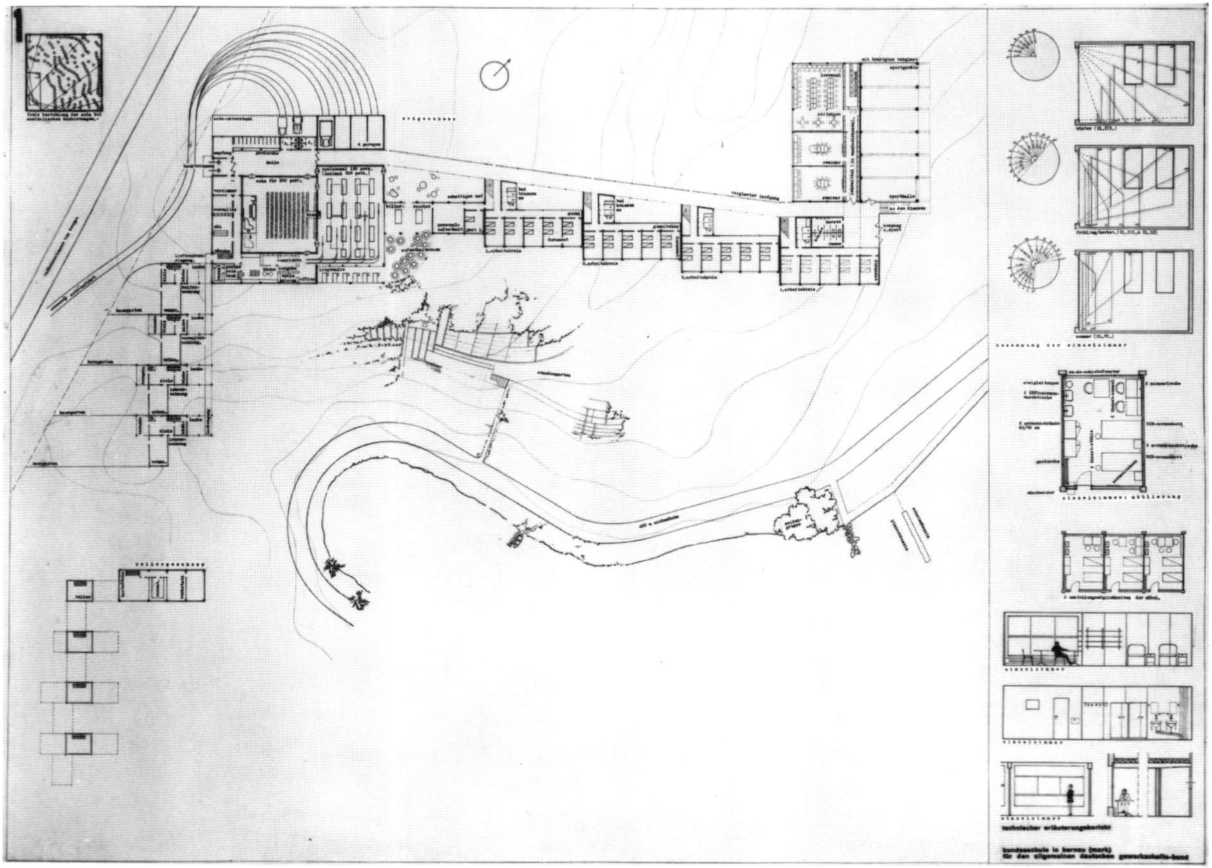

– Typisch schließlich ist auch die automatische Druckknopfsteuerung der horizontal beweglichen schwarzen Vorhänge: In jeder Zwischenstellung arretierbar sind sie, ähnlich dem Schlitzverschluss des fotografischen Objektivs, ein Mittel zur Veränderung des Fensterlichts bis zur völligen Verdunkelung in Hörsaal und Aula, d. h. vom Schlagschatten einer Modelldarstellung bis zur Demonstration durch das Epidiaskop.« [30] Auch die »Wohnart« der vorgesehenen 130 Kursteilnehmer der Schule sollte bei ihrem Aufenthalt beeinflusst werden: Die »Lage und Anordnung des Wohntraktes« war so eingerichtet, dass »ein Optimum der Besonnung aller 60 Wohnzimmer« erreicht werden sollte. Und die »Staffelung der Wohngebäudeflügel« der »Schule im Walde« war nicht zuletzt dadurch entstanden, dass man die »Maximalbesonnung« anstrebte. Sogar die »Lage der Betten« war, so Hannes Meyer, »auf Grund des günstigsten Sonnendiagramms berechnet«. [31] Hannes Meyer und seine Mitstreiter planten zudem unterschiedliche Lichtverhältnisse: neben dem offenen Blick mit voller Lichteinstrahlung wie in dem verglasten Verbindungsgang gibt es auch geschützte Plätze wie z. B. einen offenen Hof als »Schattenort bei sommerlicher Hitze«. [32]

35 Bundesschule des ADGB, Blatt 1 der Wettbewerbseingabe mit Belichtungsangaben, 1928

2.4. Ludwig Mies van der Rohe: Reflexion zwischen Licht und Dunkelheit

Nach dem 1930 regelrecht in politische und staatliche Ungnade gefallenen Hannes Meyer übernahm mit Ludwig Mies van der Rohe eine Persönlichkeit die Leitung des Instituts, die ein Jahr zuvor mit dem Entwurf des deutschen Pavillons für die Weltausstellung in Barcelona der Republik zu internationalem Ansehen verholfen hatte. Für Mies lag das Experiment weniger in einer neuen Ausbildungsmethodik, sondern im Sinne deutscher idealistischer Philosophie-Traditionen in der Qualität des Entwurfs der neuen Architektur selbst. Mies van der Rohe strebte höchste ästhetische und konstruktive Qualität an, nicht soziale Effizienz.

Man sprach in seiner Ära am Bauhaus wieder von Baukunst – ein Begriff, der bei seinem Vorgänger verpönt war. Natürlich ist auch Ludwig Mies van der Rohes Architektur vom Licht durchströmt, jedoch verbirgt sich dahinter ein ganz andere Ansatz als bei Walter Gropius oder Hannes Meyer, wie am 1929 entworfenen deutschen Pavillon für die Weltausstellung in Barcelona zu erleben ist. Das Ausland staunte damals über diese nicht erwartete Selbstdarstellung Deutschlands: Keine blockhafte Schwere, kein trutziges Pathos: Stattdessen mit Leichtigkeit, Offenheit und etwas scheinbar Schwebendem eine ganz anders geartete Modernität. In einer spanischen Pressekritik von 1929 wird der Umgang mit dem Licht ins Zentrum der Aufmerksamkeit gerückt: »Die Wände aus schwarzem Marmor schlucken das Tageslicht mit unersättlicher Gier, eben jenes Licht, das der polierte Boden und die Glasdächer zuvor küssen wollten, wobei sie sich im tausendfachen Flimmern undisziplinierter Reflexionen auflösten. Das Tageslicht ist im Deutschen Pavillon eines der wichtigsten, um nicht zu sagen das wichtigste Schmuckelement inmitten dieses Labyrinths von großzügigen Flächen und kahlen, kühlen Wänden.« [33] Der Artikel gipfelt in der Feststellung: »Dies ist der deutsche Pavillon: eine Architektur der Reflexionen. Wände, Verkleidung und Decke bilden ein großartiges Amalgam von Reflexen und sich frei überschneidendem Lichtstrahlen. Dies ist die exakte Seele des neuen Deutschland.« Dass

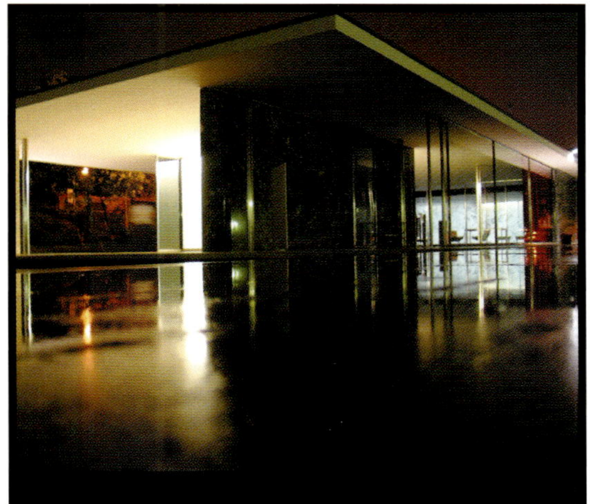

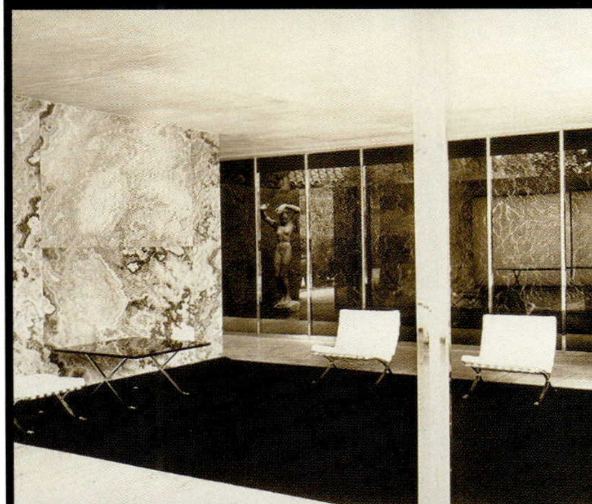

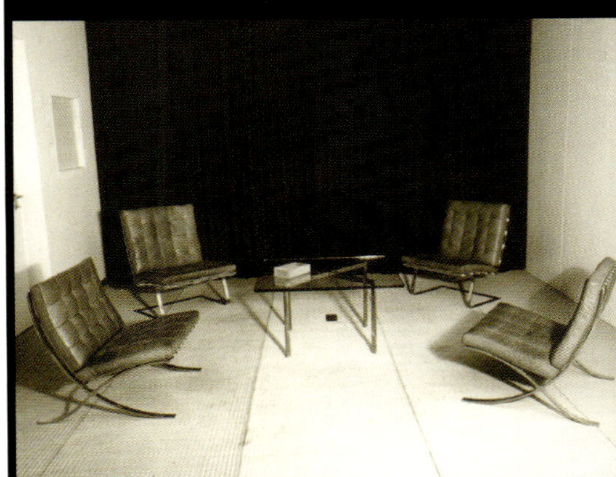

36 Der rekonstruierte Deutsche Pavillon, Barcelona, Foto: 2003 | 37 Deutscher Pavillon, Barcelona, Blick in den zentralen Raum, 1929
38 Das von Ludwig Mies van der Rohe & Lilly Reich umgestaltete Wohnzimmer im Direktorenhaus der Meisterhaussiedlung, 1931

diese durchaus sich zunächst einstellende »helle« Anmutung eine »dunkle«, zweite Schicht beinhaltet, erschließt sich erst bei näherer Betrachtung. Josep Quetglas hat in einer akribischen Analyse herausgearbeitet, dass das Gebäude ein »geheimes Zentrum« umkreist, in dem ein bedeutungsschweres Spiel mit Reflexionen zwischen Licht und Dunkelheit stattfindet. [34] Die Materialien sind Stein [neben dem erwähnten Marmor auch eine Wand aus Onyx], Glas, Eisen [d. h. verchromter Stahl], alles glatt poliert, und – Wasser, das mit seiner bewegten Oberfläche ein dynamisches Element in die Reflexionen bringt. Quetglas kommt in seiner Analyse zu dem Schluss, dass die Regelmäßigkeit des Pavillons nur eine scheinbare ist, dass es ein geheimes, erst nach reflektiertem Erkunden erkennbares Zentrum gibt. Die einzige Beleuchtung in diesem Zentrum, von Quetglas »Thronsaal« genannt, besteht aus einem zentralen, nicht zugänglichen Schacht, der Tages- bzw. Kunstlicht auf opake Glasscheiben verteilt. Vor diesem Lichtschacht liegt, mit genau kalkuliert platzierten Stahlrohrsesseln, ein schwarzer Teppich. »Ist der Thronsaal offen und schwarz, so muss das andere Zentrum geschlossen und weiß sein. Wird der Thronsaal durch die Sessel aus weißem Leder und die goldene Äderung des Onyx bestimmt, so ist das andere Zentrum durch das Licht gekennzeichnet – das einzige Licht, das im Pavillon vorhanden ist.« [35] Dieses Licht bleibt für den Besucher unerreichbar. Die Offenheit des Pavillons erweist sich als eine scheinbare. Quetglas geht so weit zu sagen, dass es um nichts weniger geht als um die Darstellung gesellschaftlicher Entfremdung – der Gegensatz also zum ersten Eindruck.
Die gleiche Haltung prägt auch den Umbau des Wohnraums im Direktorenhaus der Meistersiedlung, den Ludwig Mies van der Rohe, wahrscheinlich gemeinsam mit Lilli Reich, der Leiterin der Bauhaus-Ausbauwerkstatt, 1931 vornahm. Mies van der Rohe und Lilli Reich schufen einen kompromisslosen wie eleganten Raum, der eine kontemplative, ganz auf den Innenraum setzende Stimmung erzeugte. Die Vorhänge bzw. Wandbeläge verbargen die Gropiusschen Gliederungen und schufen klare große Wandflächen. Die Oberflächen zeigten fast ausschließlich ihre Materialität, es gab kaum Anstriche. Sowohl die tagsüber gegebene »Lichtfläche« der fensterseitigen Gardinen wie die samtig-dunklen Vorhänge negierten weitgehend den Blick-Kontakt zum Außenraum.

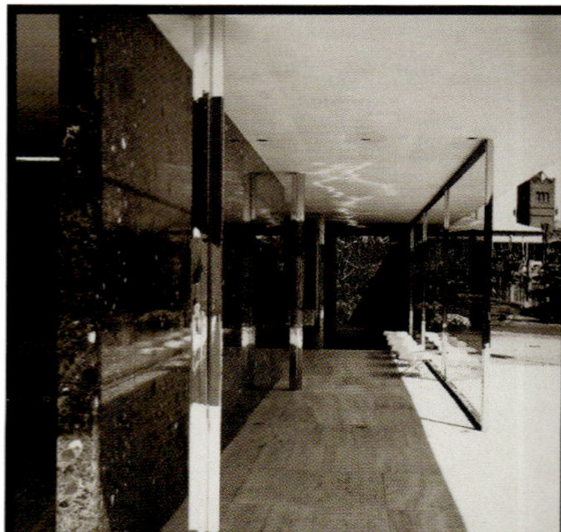

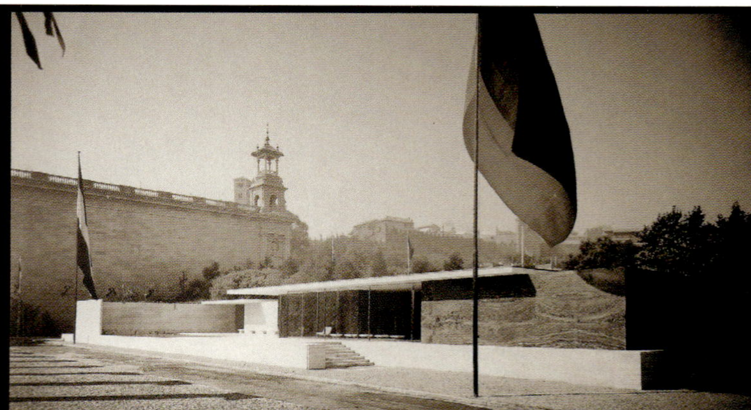

39 Deutscher Pavillon, Barcelona, 1929. Es sind die verschiedenen, u. a. vom Wasserbecken verursachten Reflexionen zu sehen.
40 Deutscher Pavillon, Barcelona, 1929

3. Leuchten und künstliches Licht am Bauhaus

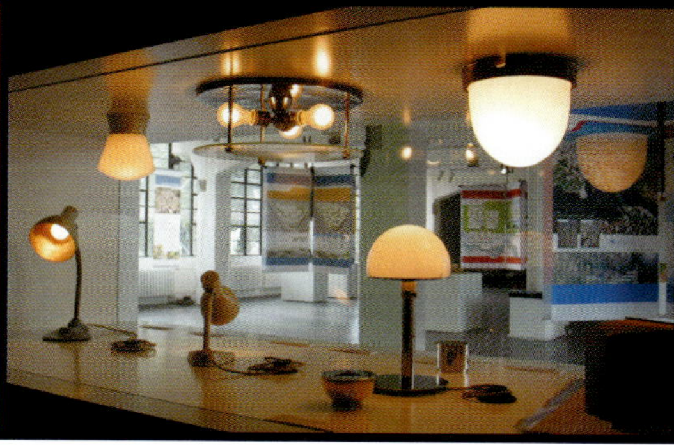

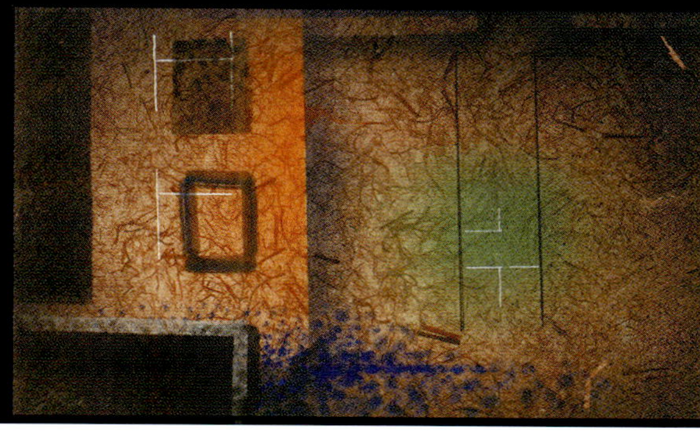

3.1. Moderne und Elektrizität

Das Bauhaus, zeitgleich mit der ersten deutschen Republik gegründet, muss vor diesem Hintergrund nicht nur in Hinsicht auf die politischen und gesellschaftlichen Veränderungen, sondern auch auf die damit verbundenen technischen und wirtschaftlichen Prozesse betrachtet werden. Beides scheint in den Begriffen der »roaring twenties« und der »Goldenen Zwanziger« auf, die mit jenen Jahren verbunden werden. Trotz der instabilen Verhältnisse in der Weimarer Republik mit bürgerkriegsähnlichen Auseinandersetzungen und der Hochinflation des Jahres 1923 sind diese Jahre selbst im Rückblick von einem Glanz umgeben. Es waren eben auch Jahre einer kulturellen wie technisch-wissenschaftlichen Blüte. Das Wort Glanz ist durchaus wörtlich zu nehmen, denn das Lichtermeer von Metropolen wie Berlin war Ergebnis des Siegeszuges der Elektrifizierung. Elektrifizierung war bezeichnenderweise auch der Schlüsselbegriff für die sich zur selben Zeit etablierende Herrschaft der Bolschewiki in Sowjetrussland, deren Führer Lenin Kommunismus als »Sowjetmacht plus Elektrifizierung des ganzen Landes« definierte. [36] Es liegt auf der Hand, dass die »Hochschule für Gestaltung« – so der offizielle Titel des Bauhauses ab Oktober 1926 – sich den Fragen der elektrischen Beleuchtung annahm. Dabei waren die frühen Jahre des Bauhauses, vor der 1923 erfolgten Neuorientierung unter dem Motto von Gropius »Kunst und Technik – eine neue Einheit« [37], in Bezug auf diese Frage voller Widersprüche, wie oben schon zu Ittens »Turm des Feuers« und zum Haus Sommerfeld beschrieben wurde. Die der Beleuchtung dienenden Gegenstände, die damals am Bauhaus entstanden, waren Kerzenhalter. Sieht man von den architekturbezogenen Leuchten aus dem Büro von Walter Gropius ab, entwickelten erst ab 1923, als László Moholy-Nagy neben dem Vorkurs auch die Leitung der Metallwerkstatt übernahm, Gestalter wie Gyula Pap, Karl Jacob Jucker und Wilhelm Wagenfeld elektrische Leuchten. [38]

Die Industrie mit ihren eigenen Entwicklungsbüros war zu diesem Zeitpunkt schon weiter. Mit Beginn der zwanziger Jahre eroberte das elektrische Licht die Haushalte, verdrängte dort Gas und Petroleum und begann in den Wohnungen des gemeinnützigen Wohnungsbaus zum Standard zu werden. Vor dem Ersten Weltkrieg war elektrisches Licht ein Luxus, den sich nur wenige Haushalte leisten konnten, produziert wurden vor allem »Zweckleuchten« für Straßenbeleuchtung, Fabriken und Schaufenster.

41 Bauhausleuchten in der Ausstellung »Werkstatt Bauhaus«, Stiftung Bauhaus Dessau 2004 | 42 Hajo Rose, Erleuchtete Fenster [Nächtliche Stadt], Aquarell, Tempera & Spritztechnik, 1933

Nun entstand in den zwanziger Jahren ein neuer Markt. In »lichttechnischen Spezialfabriken«, wie es in einem Artikel zur Leipziger Frühjahrsmesse 1925 hieß, begann die Massenproduktion für die Haushalte. [39] Im Gegensatz zu den »Zweckleuchten«, deren Gestaltung auf die Optimierung der Lichtausbeute und der Ausleuchtung der Räume ausgerichtet war, bestand dieses Angebot fast ausschließlich aus kunstgewerblich-dekorativen Leuchten, die auf repräsentative Wirkungen zielten. Doch gab es erste Ansätze, das Thema Elektrizität und Licht nicht auf die Herstellung von Beleuchtungskörpern zu beschränken, sondern seiner wirklichen Komplexität entsprechend anzugehen. Anfang der zwanziger Jahre formierte sich die Lichtplanung zur eigenständigen Disziplin. Sie verstand sich vor allem als Architekturbeleuchtung. In Karlsruhe entstand das Institut für Lichttechnik, große Firmen wie AEG in Berlin oder Kandem in Leipzig betrieben kontinuierliche Forschungs- und Entwicklungsarbeit. Joachim Teichmüller, der Gründer des Karlsruher Instituts, prägte 1926, also fast zeitgleich mit dem Moment, als der »Lichtkubus'« des Bauhausgebäudes erstmalig erstrahlte, den Begriff der »Lichtarchitektur«. Mit diesem Begriff wurde das Licht selbst als Baustoff angesehen und in die architektonische Gestaltung einbezogen. »Architektur einerseits«, so Teichmüller 1927, »und Lichtträger [Geleucht] und vor allem auch das vom Geleucht ausgehende Licht andererseits sind zu einer künstlerischen Einheit verschmolzen, so innig und untrennbar, dass man von einer Lichtarchitektur sprechen muss.« [40] Beispiele für Lichtarchitektur in diesem umfassenden Sinne lieferten insbesondere die Architekten des Neuen Bauens. Die moderne Lichtarchitektur der zwanziger Jahre speiste sich dabei aus zwei verschiedenen Traditionen räumlicher Lichtgestaltung, der Lichtplanung und der Bühnenbeleuchtung. Ziele der Lichtplanung waren gut ausgeleuchtete Wohn- und Arbeitsumgebungen, während die Bühnenbeleuchtung ganz andere Impulse vermittelte. Hier interessierten nicht Beleuchtungsstärke oder gleichmäßige Ausleuchtung, sondern bewusst mit Licht inszenierte Räume mit stimmungsvollen Atmosphären und Bildern. Der Lichttechniker Teichmüller verwies damals auf die schon vor 1914 erbrachten Vorleistungen auf dem Gebiet von Lichtplanung und Leuchtengestaltung und nannte vor allem das Schaffen von Peter Behrens für die AEG als vorbildlich. Im Büro von Peter Behrens in Potsdam-Neubabelsberg hatten um 1910 die späteren Bauhausdirektoren Walter Gropius und Ludwig Mies van der Rohe sowie Le Corbusier erste berufliche Erfahrungen sammeln können. So nimmt es nicht Wunder, dass Peter Behrens der wichtigste Anreger für die schon beschriebenen frühen Leuchtengestaltungen von Walter Gropius war, die er in den zwanziger Jahren weiter entwickelte.

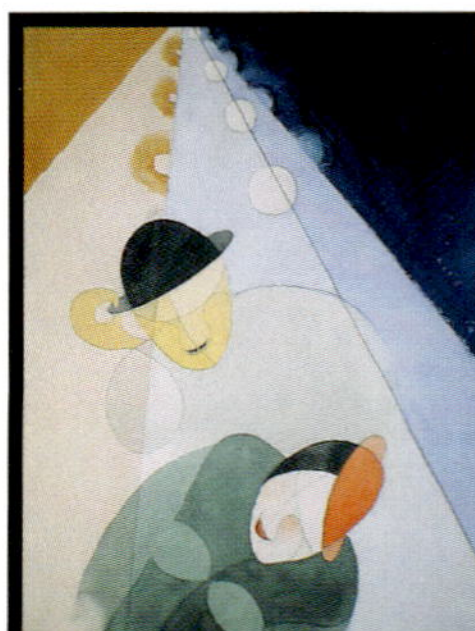

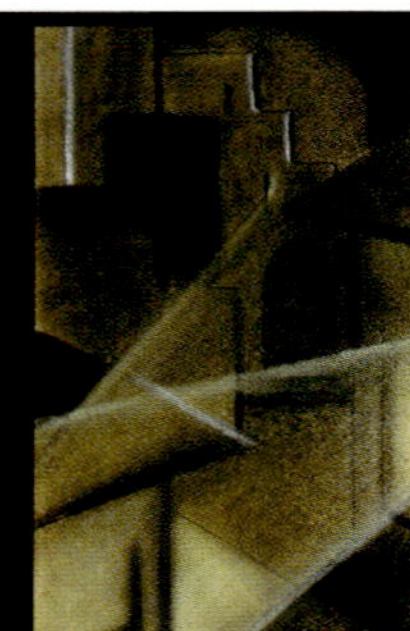

43 Carl Marx, Ku'damm, Aquarell, 1932 | 44 Grete Reichardt, Nächtliche Stadt, Tusche & Pastell, 1924 – 1925

3.2. Bauhausbauten und elektrisches Licht: Eine kleine Bauhausleuchten-Typologie

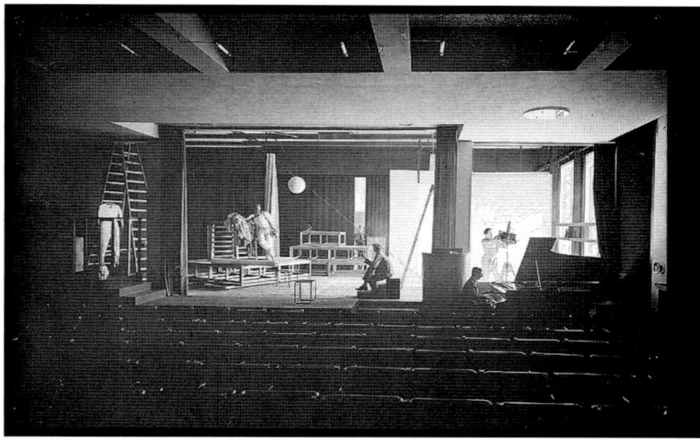

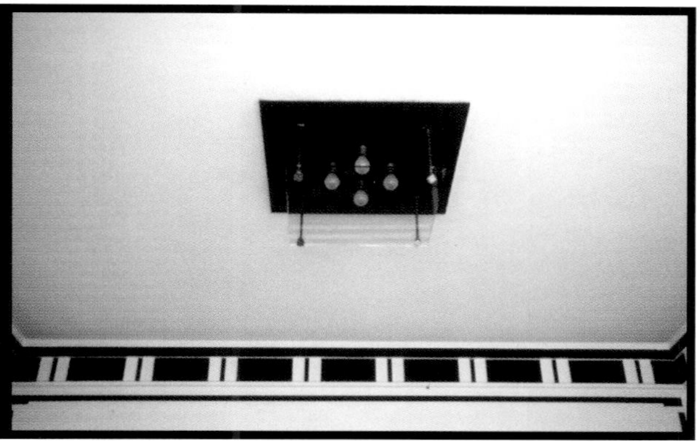

Der 1925 von der Stadt Dessau an das Büro von Walter Gropius ergangene Auftrag zum Bau des Schulgebäudes und der Meisterhäuser 1925 machte es nötig, Leuchten für Werkstätten, Büros, Treppenhäuser, sogar für eine Bühne und für Wohnräume zu entwerfen, da von der Industrie keine adäquat gestalteten Leuchten angeboten wurden. Das notwendige Wissen holten sich die Gestalter Marianne Brandt, Hans Przyrembel und Max Krajewsky von den Firmen Osram und AEG in Berlin. [41]
Mit Gropius' Dessauer Bauhausbauten entstand so von 1925 bis 1929 ein regelrechtes Leuchtenprogramm. Neben den mit der Innenarchitektur verschmelzenden und scheibenförmigen Leuchten sind es vor allem drei geometrische Körper, die die Leuchten in und an den Bauhausbauten in Dessau bestimmen: Der Kubus, die Kugel und, in seiner schlanken Form als Röhre, der Zylinder. Die solcherart gestalteten Leuchten integrieren sich auf unterschiedliche Weise in die Architektur.
Da wäre zunächst der Leuchtentyp, der körperhaft gefasst oder in die Innenarchitektur als Leuchtkörper eingebunden wird. Leuchten dieses Typs gehen auf Entwürfe von Peter Behrens und die ersten eigenständigen Entwicklungen von Gropius zurück. So stammt die Leuchte im Foyer des Fagus-Werks im Entwurf von 1914, ausgeführt wurde sie aber erst 1922. Auf sie lässt sich auch die schon beim Haus Am Horn [1923] besprochene Leuchte zurückführen, bei der eine Glasplatte für das Verteilen des Lichts mehrerer elektrischer Glühlampen sorgt. Im Bauhausgebäude findet sich dieser Leuchtentyp über den Eingängen wieder.
Die Kugel und ihre Variante, die Halbkugel, prägt die meisten im Bauhausgebäude zu findenden Leuchten. Die Deckenleuchte von Marianne Brandt mit zweizoniger Glaskugel wurde in der Metallwerkstatt des Bauhauses hergestellt und dann kurzfristig von der Firma Metallwerke, vormals Stotz AG, Stuttgart, hergestellt, bevor sie die Berliner Firma Schwintzer & Gräff von 1928 bis 1929 in ihr Programm übernahm. Walter Gropius nennt die Leuchte 1930 in seinem Buch über die Bauhausbauten »Beleuchtungskörper der Lehrräume«. In einer Publikation von 1928 heißt es: »Kugelleuchte für indirektes Licht, unterer Teil der aus einem Stück bestehenden Glaskugel dicht opal überfangen, oberer Teil mattiertes Klarglas. Metallteile: Aluminium, kleinere Teile Messing vernickelt. Kugel am Rohrpendel verstellbar, um die Glühlampe richtig einzustellen.« [42] Marianne Brandt äußerte sich in einem 1979 geführten

45 Bauhausgebäude, Blick auf die Bühne, 1927. Leuchten von Max Krajewsky [Soffitten] & der Firma AEG [runde Deckenleuchte rechts oben]
46 Fagus-Werk, Deckenleuchte im Foyer, 1914 – 1922

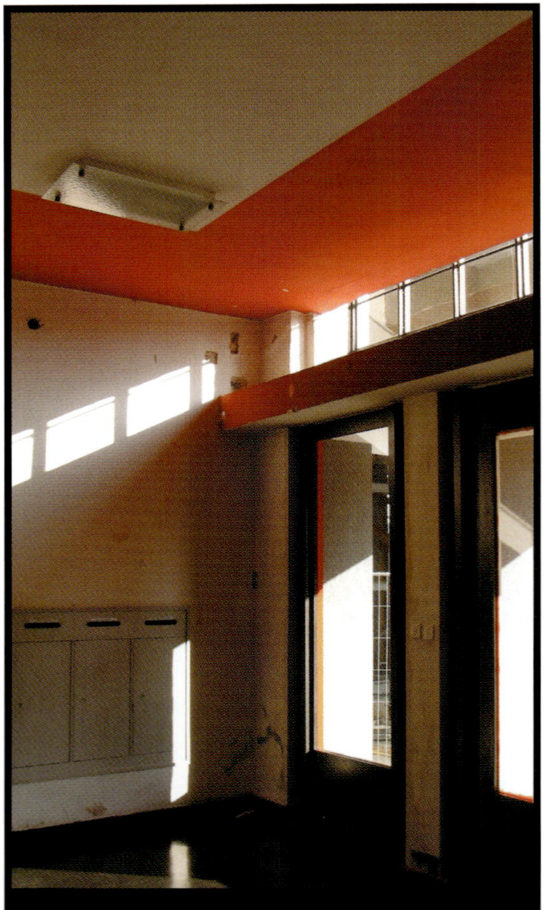

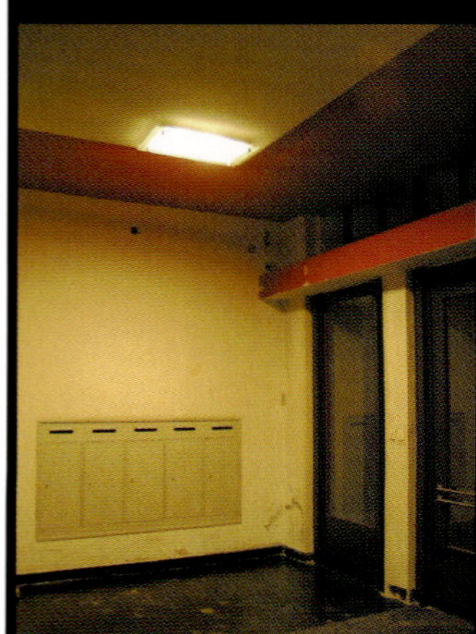

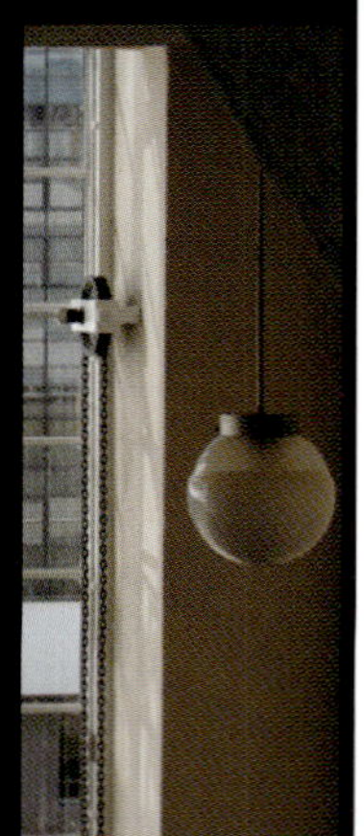

Interview zu dieser Leuchte: »Diese Kugel kam nach einer reinen Opalglaskugel. Hier ist das Opalglas nur in der unteren Hälfte, oben ist Mattglas. [...] Die Stufe oberhalb der Mitte ist drin, um die Unexaktheiten zu kaschieren, die beim Überfangen mit Opalglas entstehen.« [43] Im besagten Buch argumentiert Walter Gropius sogar mit Karl Friedrich Schinkel: »Der Wulst der Glasglocke für halbindirekte Beleuchtung ergibt sich aus der glastechnischen Methode, das Milchglas [unten] mit dem Mattglas [oben] exakt zu verschweißen. ›Aus der Naht eine Tugend machen‹ [Schinkel].« [44]

Mit Marianne Brandts und Hans Przyrembels halbzylindrigen, höhenverstellbaren Pendelzugleuchten stattete man vor allem die Werkstätten aus. Sieht man sich die damals entstandenen Fotografien an, fast ausnahmslos am Tag aufgenommen, und stellt sich dann die Wirkung dieser bei Dunkelheit eingeschalteten Deckenleuchten vor, so fällt auf, dass die Originalbeleuchtung, je nach Höhe der Zugleuchten, vor allem aus mehr oder weniger isolierten Lichtinseln bestand und somit viel weniger leuchtkräftig war, als man gemeinhin glaubt.

So war es auch beim ersten röhrenförmigen Leuchtentyp im Œuvre von Gropius, eingesetzt im schon genannten Direktorenzimmer in Weimar von 1923 – 1924. Das Licht der Röhren reichte zum Arbeiten nicht aus, die damals entwickelte Lampe von Wilhelm Wagenfeld musste den Schreibtisch zusätzlich erhellen. Doch wird das Konzept des Weimarer Raumes, unter der Verwendung derselben Möbel, zwei Jahre später im Bauhausgebäude zum selbstverständlichen, integralen Bestandteil der Architektur. Die Soffittenlampen sind nun in einer Linie hinter einer Art Voute über dem Schreibtisch angeordnet. Auch hier waren sie nur eine Allgemeinbeleuchtung, nicht ausreichend für gutes Arbeitslicht. Auf den beiden einzigen bekannten Fotografien dieser von 1926 bis 1928 bestehenden Situation erkennt man, dass Walter Gropius eine damals schon jahrelang bewährte Bibliotheksleuchte auf seinem Schreibtisch platzierte.

47 Bauhausgebäude, Eingangsbereich des nördlichen Flügels am Tage, Foto: 2003 | 48 Bauhausgebäude, Eingangsbereich des nördlichen Flügels bei Nacht, Foto: 2003 | 49 Bauhausgebäude, Deckenleuchte von Marianne Brandt im nördlichen Flügel, Foto: 2004

3.2. Bauhausbauten und elektrisches Licht: Eine kleine Bauhausleuchten-Typologie

Im südlich gelegenen Treppenhaus des Werkstättentrakts formierten sich mehrere Röhrenlampen um ein vernickeltes, über alle Geschosse führendes Stahlrohr, wie ein 1926 entstandenes Foto von Erich Consemüller dokumentiert. Seit der Restaurierung des Jahres 1976 [und der neuerlichen Überarbeitung des Jahres 2004] ist der Soffitten-Leuchtentyp vor allem in Foyer und Aula wieder erlebbar. Im Bauhausgebäude gab es keine Decken- oder andere Fluter, wie sie später bezeichnet wurden. Noch heute kann man erleben, wie die Leuchten immer Körper bleiben, es gibt kein verstecktes Licht und kein »down lighting«, zudem wird das eingesetzte Leuchtmittel, die eigentliche Lampe, unverkleidet gezeigt. Besonders diese Beleuchtung hat in der Vergangenheit für Kritik am Bauhaus gesorgt, die trotz der beschriebenen und wieder erlebbaren Probleme ausgerechnet darin bestand, dass man ein Zuviel an Licht beklagte.
Wolfgang Schivelbusch referierte das am Beispiel der Kritik von Reyner Banham: »Die Geschichte von Gropius' Schwierigkeiten beim Beleuchten stammt vom Architekturhistoriker und Bauhauskritiker Reyner Banham. Für den hat sie gleichnishafte Bedeutung. Sie dient ihm zum Beleg seiner These, dass Gropius, der Bauhaus-Schule, ja der modernen Architektur insgesamt jeder Sinn für das elektrische Licht und seine Möglichkeiten fehlte. Dieselben Architekten, die sich in allen Wirkungen und Schlichen des Naturlichts genauestens auskannten und es als konstitutiven Bestandteil ihrer Bauplanung berücksichtigten [...], sie waren, sobald es um die künstliche Beleuchtung ging, Analphabeten. Nur halb im Spaß spricht Banham von der ›gestapohaften Umwelt des Lichts‹, welche die Bauhaus-Architektur ihren modernitätsbeflissenen Klienten aufgezwungen habe, einer Umwelt, die bis an die Schmerzgrenze beleuchtet und wahrscheinlich nur dank der wohlbekannten Bereitschaft der Intellektuellen, für die Kunst zu leiden, zu ertragen war.« [45] Erlebt man heute diese Beleuchtung, erscheinen diese Einwände gegen eine angeblich zu große Helligkeit grotesk. Doch geht es nicht nur um Beleuchtungsstärken. Für Wolfgang Schivelbusch

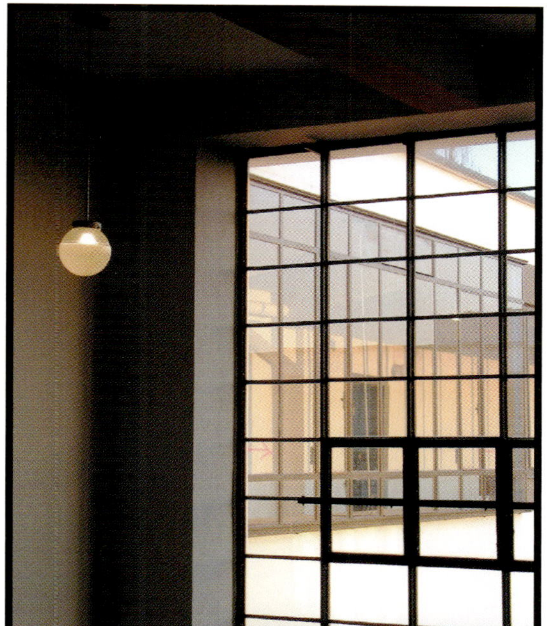

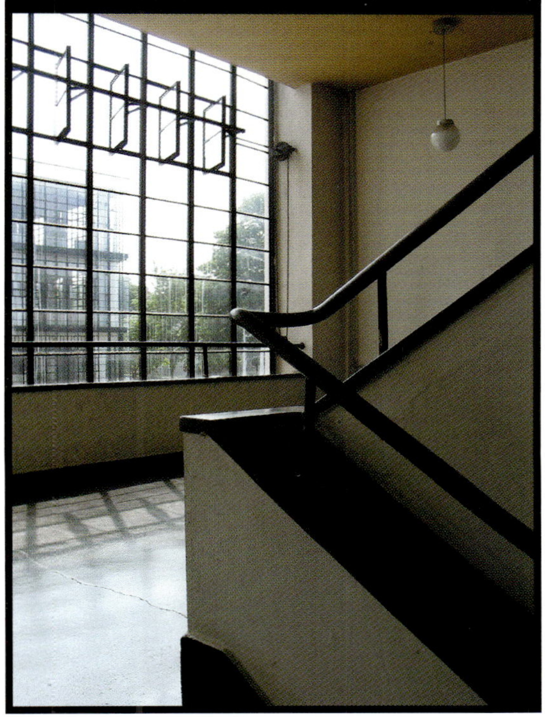

50 Bauhausgebäude, Deckenleuchte von Marianne Brandt im Haupttreppenhaus, Foto: 2002
51 Bauhausgebäude, Deckenleuchte von Marianne Brandt im Haupttreppenhaus, Foto: 2003

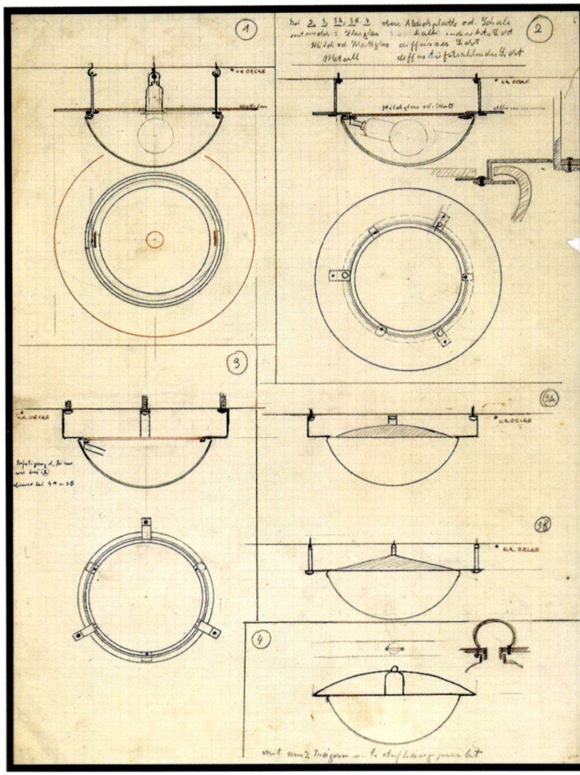

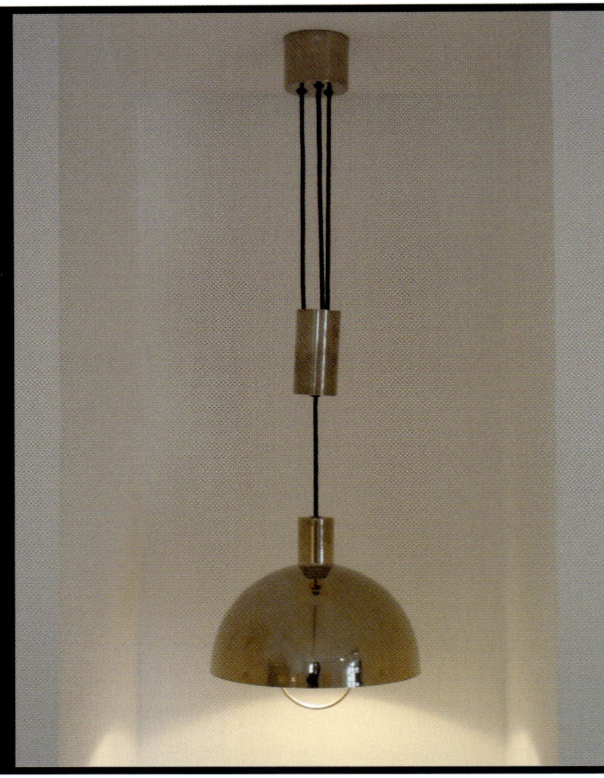

ist die Röhrenleuchte die Bauhausleuchte par excellence, denn, so Schivelbusch, »sie war eines der Realsymbole des modernen Lebens, wie Rennwagen, Flugzeuge, Luftschiffe, Saxophone. Von der Rohrpost... über die Stahlrohrmöbel... bis zur Neon-Röhre.« [46] Die Röhrenform »symbolisiert die schnelle ununterbrochene Bewegung«, die Linie stellt den Bezug zu den Stahlrohrmöbeln her. Schivelbusch sieht in der Röhrenleuchte den radikalsten Bruch mit der Leuchtentradition, indem sie den Bezug der »Zweiteilung von Lampengestell und Lampenschirm« negiert. [47]

Eine weitere, von Marianne Brandt entworfene Variante einer Leuchte in Verwendung der röhrenförmigen Lampen befand sich im Meisterhaus von László Moholy-Nagy. Von Marianne Brandt entworfene Leuchten in Form eines Halbzylinderstumpfes finden sich zudem im Eingangsbereich und in den Treppenhäusern der Meisterhäuser.

Mit Marianne Brandts Kugelleuchten wurde auch das Arbeitsamtgebäude von Walter Gropius in Dessau [1927 – 1929] ausgestattet. Es markiert für das Bauhaus das Ende der Ära der zeitgleich mit den Bauten entworfenen Leuchten. Hannes Meyer und Ludwig Mies van der Rohe griffen für die Beleuchtung ihrer Bauten auf Entwicklungen anderer Gestalter und der Industrie zurück.

52 Marianne Brandt, Entwürfe für verschiedene Deckenleuchten, um 1926 | 53 Marianne Brandt & Hans Przyrembel, Pendelzugleuchte, Entwurf 1926, Nachbau durch TECNOLUMEN

3.2. Bauhausbauten und elektrisches Licht: Eine kleine Bauhausleuchten-Typologie

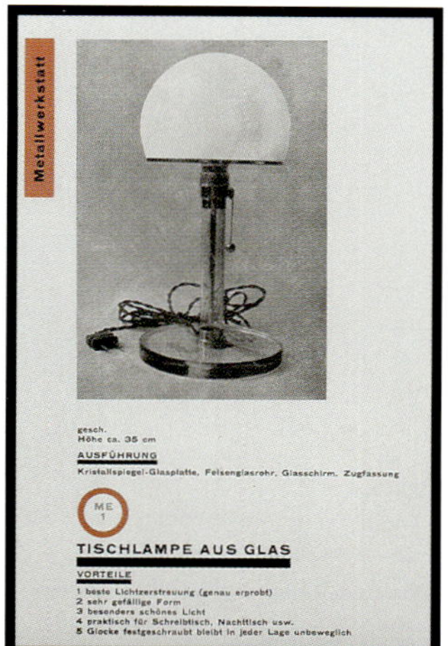
Metallwerkstatt

gesch.
Höhe ca. 35 cm

AUSFÜHRUNG

Kristallspiegel-Glasplatte, Felsenglasrohr, Glasschirm, Zugfassung

ME 1

TISCHLAMPE AUS GLAS

VORTEILE

1 beste Lichtzerstreuung (genau erprobt)
2 sehr gefällige Form
3 besenders schönes Licht
4 praktisch für Schreibtisch, Nachttisch usw.
5 Glocke festgeschraubt bleibt in jeder Lage unbeweglich

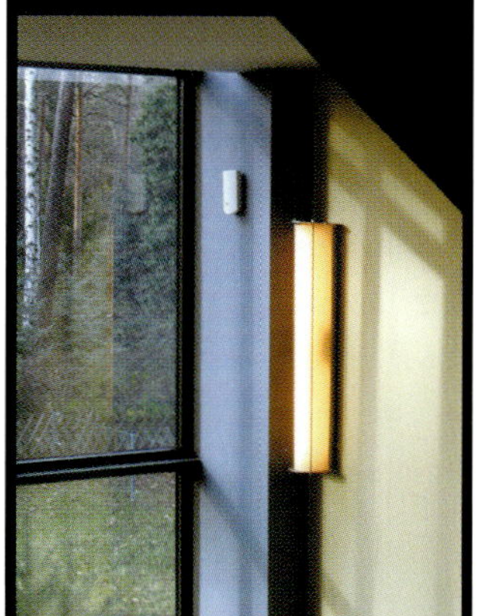

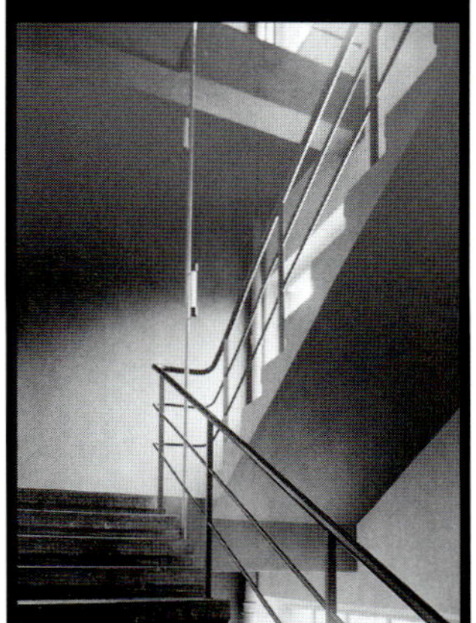

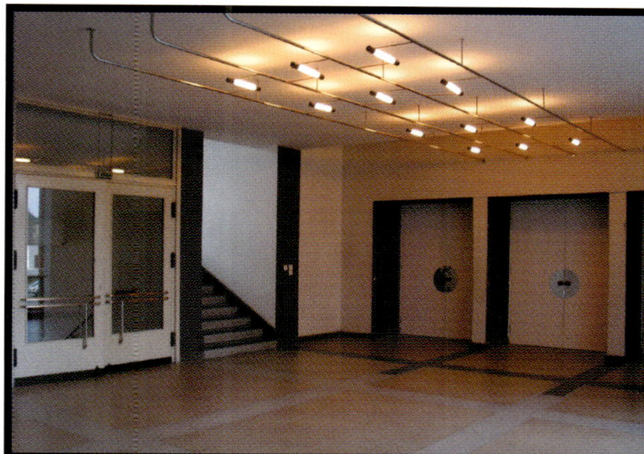

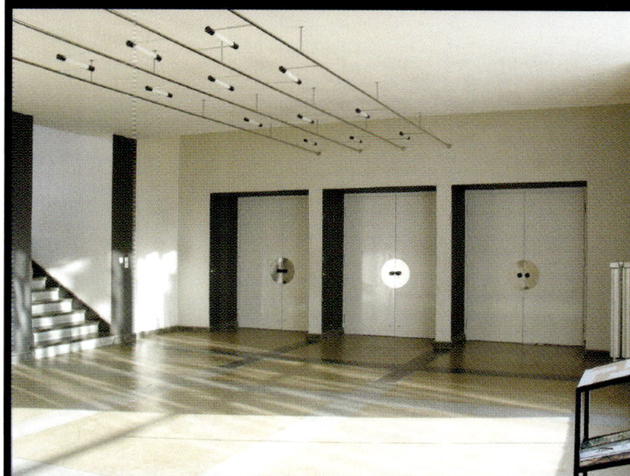

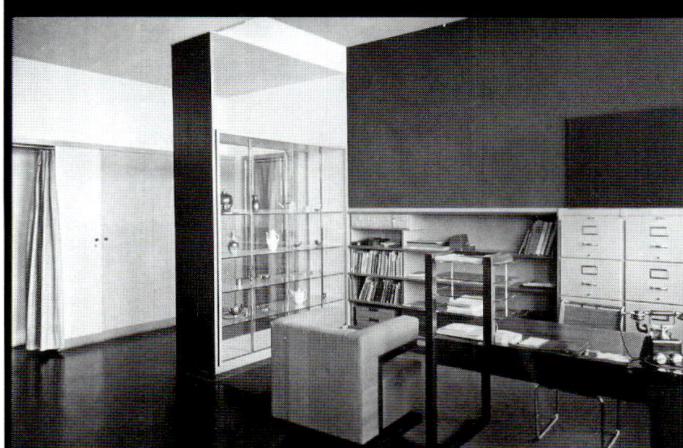

54 Tischleuchte von Wilhelm Wagenfeld auf dem von Herbert Bayer gestalteten Typenblatt aus dem Katalog der Muster des Bauhauses, 1925 | 55 Meisterhaus Paul Klee, Leuchte von Marianne Brandt im Treppenhaus, Foto: 2002 | 56 Bauhausgebäude, Soffittenleuchten im südlichen Treppenhaus, 1927 | 57 Bauhausgebäude, Foyer bei Nacht, Foto: 2004 | 58 Bauhausgebäude, Foyer bei Tag, Foto: 2004 | 59 Bauhausgebäude, Arbeitsplatz im Direktorenzimmer, 1927

3.3. Funktionalismus und Bauhausleuchten

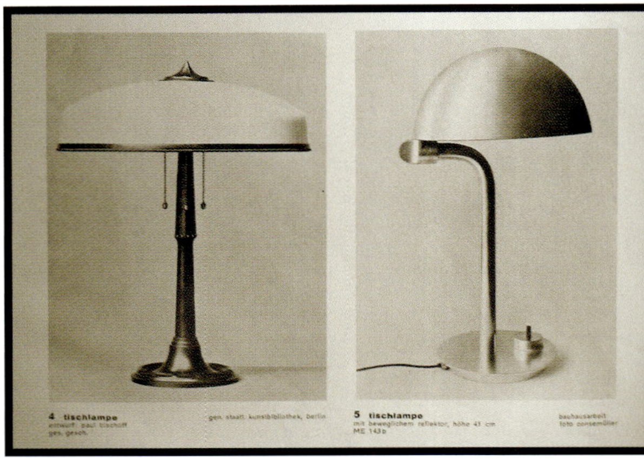

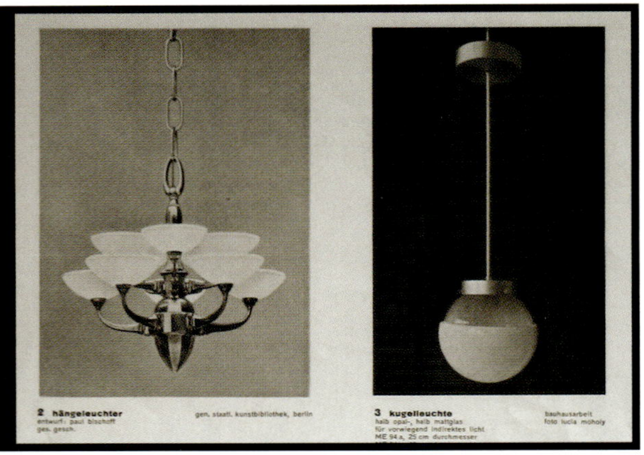

Marianne Brandt war neben Walter Gropius die wichtigste Leuchtengestalterin für die Dessauer Bauhausbauten. Der schon beschriebene Übergang in den Werkstätten von der Orientierung auf das Handwerk zum Bemühen, das Bauhaus zum »Laboratorium für die Industrie« [Gropius] zu machen, kann exemplarisch an der Entwicklung der Metallwerkstatt nachvollzogen werden. [48] Bis 1923 kamen die Leuchtengestaltungen des Bauhauses aus dem Büro Gropius. Erst mit dem Eintreffen von Moholy-Nagy begann man auf die Industrie zuzugehen. Besonders die kugel- und halbzylinderförmigen Leuchten führten zu einem bezeichnenden Streit mit dem konstruktivistischen Künstler Naum Gabo, der 1928 im Heft 4 der Bauhauszeitschrift auch publik gemacht wurde. Naum Gabo, ein Freund des Bauhausdirektors Hannes Meyer und des Schriftleiters der Bauhauszeitschrift Ernst Kállai, kritisierte Marianne Brandts Leuchten als neuen Stil, während wirkliche Gestaltung »aus dem Innern« technischer Innovation heraus käme. In seinem Aufsatz, der u. a. mit der Zeichnung einer von Gabo entworfenen Lichtinstallation für den Pariser Platz in Berlin illustriert ist, schrieb Gabo: »Nichts liegt der konstruktiven Idee ferner, als der Vorbedacht, unserem Leben künstlich einen neuen Stil anzuschaffen.« Man sprach am Bauhaus damals immer von Gestaltung, die für Gabo aber jenseits wirklicher technischer Erfindung und Konstruktion lag und bedeutete, »den gegebenen Gegenstand in eine neue Form zu kleiden.« Gabo verweist auf »einen ganz anderen Vorgang«, den man »dort beobachten« könne, »wo der Techniker, der Ingenieur nicht mit ›gestalterischen‹, sondern mit rein konstruktiven Absichten an diese Dinge herantritt. Wir verweisen auf die Beispiele: **a]** eine offene Öllampe, **b]** eine Kerze, **c]** eine Petroleumlampe, **d]** eine elektrische Glühlampe«, deren »Neukonstruktion allein [...] schon die neue Gestaltung« bedinge. Und er formuliert gewissermaßen das Credo des Funktionalismus: »Der Mensch muss über den Gebrauchsgegenstand herrschen, er muss im übergeordneten Verhältnis zu diesem Gebrauchsgegenstand stehen. Der Gegenstand hat nur da zu sein, wenn man ihn braucht. Er möge verschwinden oder doch möglichst wenig auffallen und stören, wenn man ihn nicht mehr nötig hat.« [49] Organisation des Lichts ist das Ziel, nicht eine Leuchte gleich welcher Gestalt, die, am Tage nicht benutzt, so überflüssig im Raum ist »wie ein scheußlicher Ofen im Sommer«, wie es Wilhelm Wagenfeld 1932 formulierte. [50]

60 Vergleich einer Bauhaus-Tischleuchte mit einer nicht aus dem Bauhaus stammenden Leuchte, Abb. Bauhauszeitschrift, Heft 4|1928 | 61 Vergleich der Kugelleuchte von Marianne Brandt mit einem nicht aus dem Bauhaus stammenden Hängeleuchter, Abb. Bauhauszeitschrift, Heft 4|1928

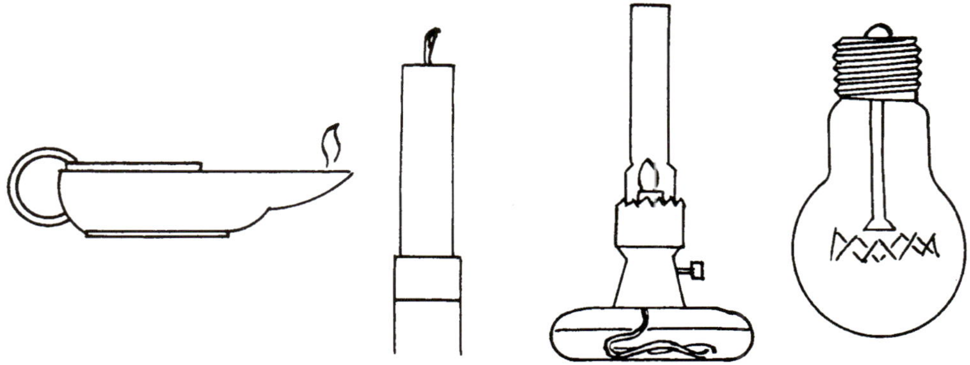

a b c d

Das lässt an Marcel Breuers als Filmstreifen arrangierte Reihe von Abbildungen von ihm entworfener Stühle denken, die er im Dezember 1926 in der ersten Bauhauszeitschrift veröffentlicht hatte: Seine immer schlankeren und transparenteren Stuhlentwürfe gipfeln in der Abbildung einer Frau in sitzender Pose, deren Sitzgelegenheit unsichtbar bleibt. »Es geht mit jedem Jahr besser und besser. Am Ende sitzt man auf einer elastischen Luftsäule«, kommentierte Breuer die Bilder. [51] Hier ist wie bei Gabo gewissermaßen der Traum des Funktionalisten auf den Punkt gebracht: Der unsichtbare, nur im Gebrauch zu erfahrende, nützliche Gegenstand, dessen ästhetischer Genuss im Gebrauch zu erfahren ist. Im Januar Heft 1929 der Bauhauszeitschrift nahm Marianne Brandt den Disput mit Naum Gabo wieder auf: »Der Verfasser kennt uns wenig, wenn er glaubt, dass wir einen Stil machen wollen, und dass die Kugelleuchte z. B. rein aus Freude an den Formen Kugel und Zylinder entstanden sei. Zu näherer Erklärung über den Weg ihrer Entstehung bin ich mündlich gern bereit, Lichtkurve steht zur

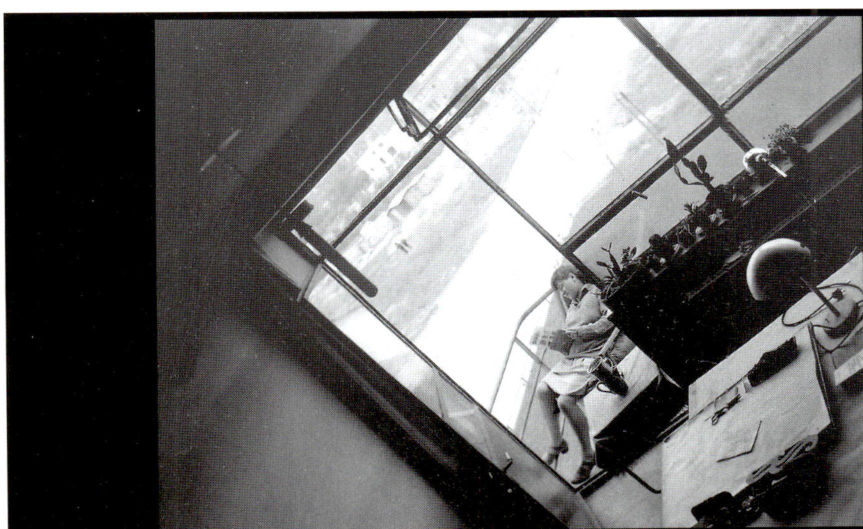

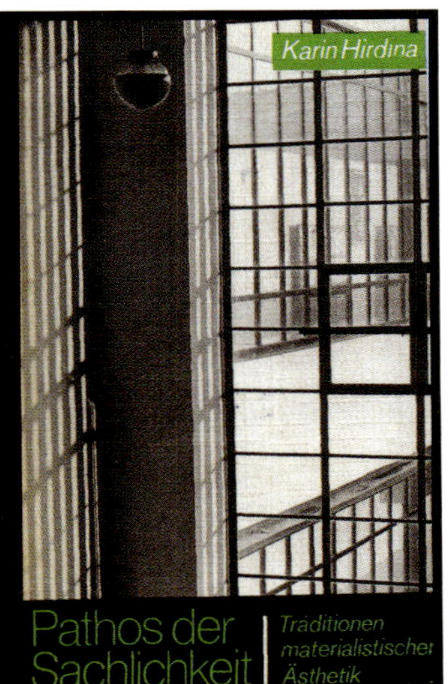

62 Naum Gabos Reihe der wirklichen Innovationen in der Geschichte der künstlichen Beleuchtung, Abb. Bauhauszeitschrift, Heft 4|1928
63 Marianne Brandt in ihrem Wohnatelier im Bauhausgebäude, um 1928 | 64 Titel eines Buches von Karin Hirdina mit der von Lothar Kühne besprochenen Fotografie der Leuchte von Marianne Brandt

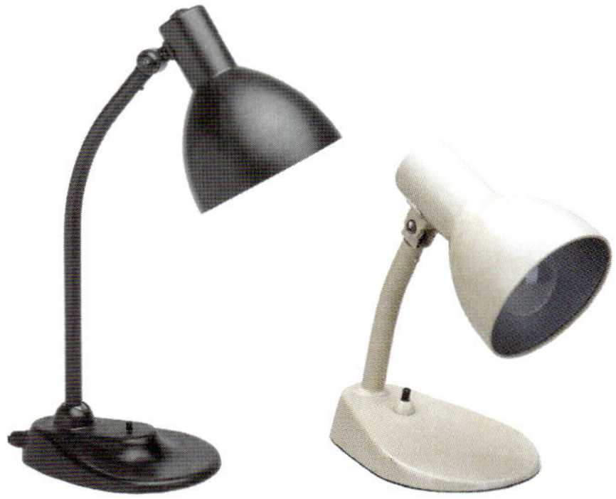

Einsicht.« [52] Gabos Antwort war gleich daneben abgedruckt: »Dass Lichtkurven [im Falle Kugelleuchte] tatsächlich existieren, daran zweifele ich gar nicht, - es werden aber wohl dieselben gewesen sein, die bei der Konstruktion der allgemein bekannten halbmattierten Glühbirne [Osram-Pintsch] angewandt werden. Die strittige Bauhaus-Kugelleuchte ist eine genaue Nachahmung dieser halbmatten Birne. Ist es etwa wirtschaftlicher, diese Birne als solche zu verwenden? Die Notwendigkeit einer Verdoppelung der Glasschicht und die damit verbundene Verdunkelung des Lichtes konnte doch der Meister dieser Bauhausleuchte nicht aus den Lichtkurven ersehen haben, wenn er sie richtig verstanden hätte.« [53] Welche Bedeutung dieser grundlegende Streit um Form und Funktion selbst Jahrzehnte später noch hatte und hat, belegt ein Zitat des Philosophen Lothar Kühne aus dem Jahre 1980, bei dem eine Fotografie eben jener Leuchte von Marianne Brandt im Treppenhaus des Bauhausgebäudes im Zentrum steht: »Wessen Wahrnehmungsweise nicht auf Gegenständliches fixiert, wer kein systematischer Ornamentiker ist, wird Christian Borcherts wunderbare Fotoaufnahme der Leuchte von Marianne Brandt im Dessauer Bauhausgebäude auch als Erschließung eines poetischen Raumwertes begreifen können. Diese Lampe ist da, um Menschen etwas von der Welt zu beleuchten. Sie stellt nicht wie die Kunstlampen für die nach individuierter Gegenständlichkeit Gierenden selbst eine Welt dar. Sie ist – was auch fotografisch hervorgehoben wird – im Dienst des Raumes. Und welch ein Raum! Wie er begrenzt und offen ist, verknüpft mit anderen Räumen, die alle keine feste Grenze setzen, sondern empfinden und denken lassen eine Unendlichkeit. Ein systematischer Ornamentiker muss hierauf mit bitterer Verachtung reagieren. Er tastet mit den Augen die den Raum organisierenden Formen ab und findet bei aller Bereitschaft keine für ihn individuelle Ungleichmäßigkeit, welche eine frohe Botschaft verheißt.« [54] Solches Raum-Licht-Konzept war für Lothar Kühne nicht sachlich, sondern poetisch. Versteht man allerdings die Zusammenarbeit von Gestalter und Ingenieur so, wie man sie aus Naum Gabos Argumentation ableiten könnte, dann war sie erst mit den Leuchtengestaltungen gegeben, die ab 1928 aus der Zusammenarbeit insbesondere Marianne Brandts und Hans Przyrembels mit den Ingenieuren der Leipziger Firma Kandem [Körting und Mathiesen] entstanden. Erst hier passierte wirklich die von Gropius geforderte Zusammenarbeit mit der Industrie. Bezeichnenderweise sind die aus dieser Zusammenarbeit entstandenen Leuchten, anfangs vor allem Überarbeitungen von Werksentwürfen, nicht zu solchen »Designklassikern« geworden wie z. B. die schon erwähnte Tischleuchte von Wilhelm Wagenfeld. [55]

65 Marianne Brandt & Hin Bredendieck, Kandem-Schreibtischleuchte Nr. 679 dgr., 1928 [Entwurf], um 1929 [Herstellung]
66 Marianne Brandt & Hin Bredendieck, Kandem-Nachttischleuchte Nr. 702 e, 1928 – 1929 [Entwurf], um 1930 [Herstellung]

4. Die Dessauer Bauhausbauten und das Licht

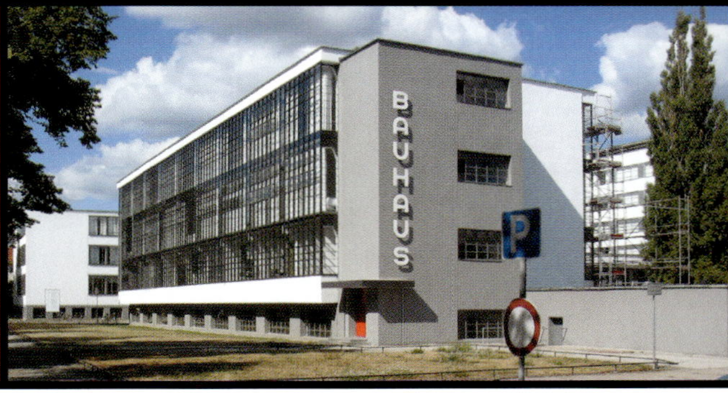

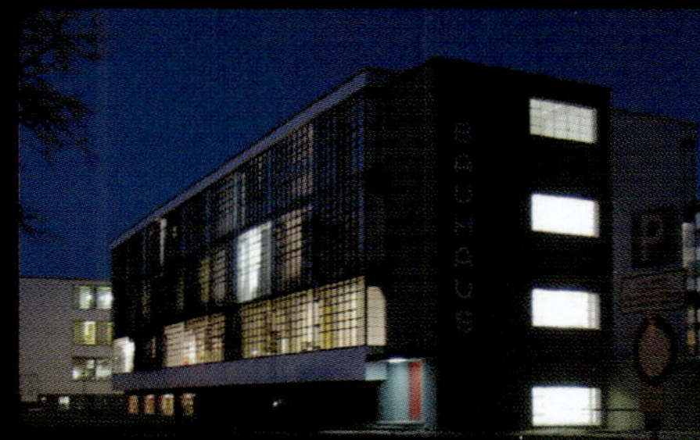

Die Bauhausbauten in Dessau entstanden alle in dem kurzen Zeitraum von 1925 bis 1930. Das Bauhausgebäude als »zentrales Werk der europäischen modernen Kunst« und zugleich »historisches Denkmal der Institution«, wie es in der Begründung der UNESCO heißt, sowie die Meisterhäuser gehören seit 1996 zum Weltkulturerbe. In der Begründung ist zudem davon die Rede, dass »die kreativen Prinzipien des Funktionalismus«, die gerade auch in Bezug auf den Umgang mit dem Licht hoch interessant sind, in diesen Bauten beispielhaft verwirklicht sind. [56]

4.1. Das Bauhausgebäude

Das Bauhausgebäude war schon das bevorzugte Objekt der Erläuterung, so bleiben nur noch wenige Details nachzutragen. Schon von weitem zeigt es sich als weiß leuchtender Körper und die Stahl-Glas-Fassade bietet je nach Einfallswinkel ein Spiel des Lichts, das entweder den Bau transparent macht oder für spektakuläre Spiegelungen sorgt. So kann an trüben Tagen das diffuse Tageslicht dafür sorgen, dass der Bau scheinbar mit dem Himmel verschmilzt, ganz wie es der russische Schriftsteller Ilja Ehrenburg 1928 erlebte, als ihm die Glaswände des Bauhausgebäudes, »die einen durchsichtigen Winkel bilden«, als »mit der Luft verfließend und doch von ihr getrennt durch einen exakten Willen« erschienen. [57] Auf der weißen Oberfläche bieten die Schatten von Fassade und anderen Details ein sich ständig wandelndes abstraktes Figurenspiel. Wassily Kandinsky inspirierten gerade die weißen Wände der Bauhausbauten in ihrer das Licht vielfältig modulierenden Reflexion des Tageslichts oder als Projektionsfläche nächtlicher Illumination. Die »reine strahlende Wand« [58] der Bauhausbauten wird im gleichnamigen Aufsatz von Kandinsky gar zur Verteidigung der Künste angerufen. Geschrieben hat Kandinsky seinen Aufsatz im Januar 1929, einen Monat vor dem berühmtem Metallischen Fest, das wie kaum ein anderes den Bau zum Licht-Raum-Modulator gemacht hatte: »Wer die kahle Wand erleben kann, ist am besten zum Erleben eines malerischen Werkes vorbereitet: Die zweidimensionale, tadellos glatte, vertikale, proportionierte, ›schweigende‹, erhabene, sich behauptende, in sich gekehrte, von außen begrenzte und nach außen ausstrahlende Wand ist ein fast primäres ›Element‹. [...] Und nicht nur wir, geduldige, ausharrende wenn auch ›langsam alternde Meister‹, sondern mit uns wird auch die heranwachsende

67 Bauhausgebäude von Südwest, 2003 | 68 Bauhausgebäude von Südwest [Nachtaufnahme], 2003

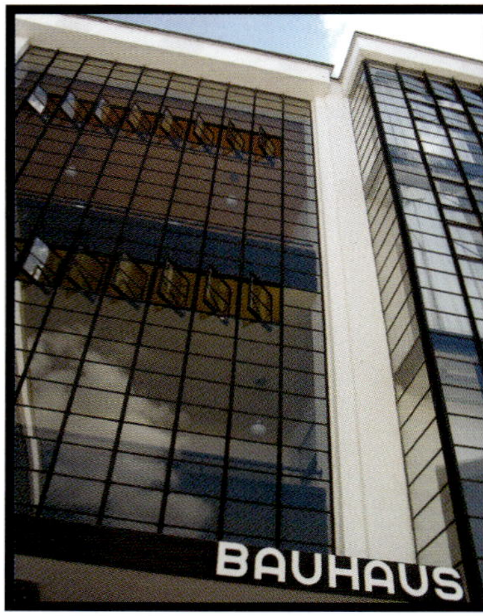

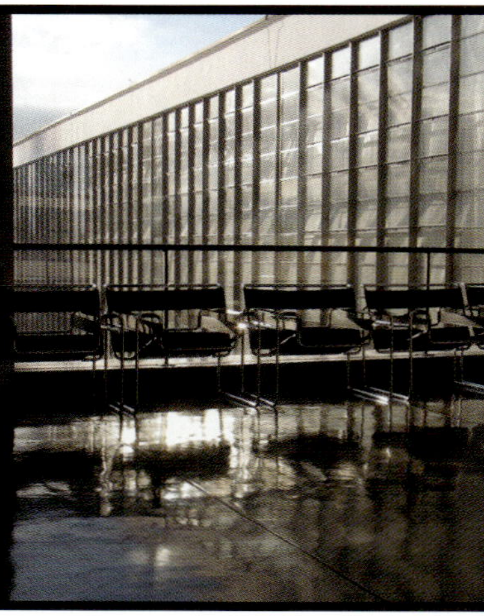

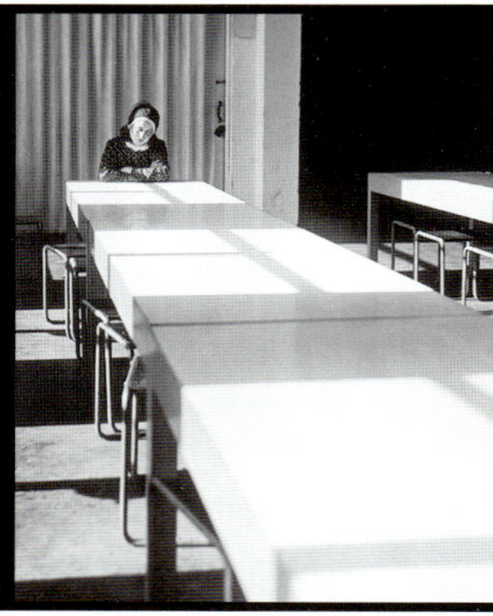

Jugend dafür sorgen, dass die kahle Wand dort, wo es nötig ist, weiter kahl bleibt, und dass die anderen Wände nicht wieder mit Missgeburten vollgestopft werden, sondern ›plan‹ und ›zweckmäßig‹ mit schweigender Freude die ›malerischen Welten‹ an sich nehmen.« [59] Neben den dominierenden weißen Wänden als perfekter Projektionsfläche realer wie imaginierter Bilder fallen im Haupttreppenhaus die großen durchsichtigen Fenster – eigentlich muss man hier auch schon von Wänden sprechen – auf. Tritt man durch den Eingang mit dem Schriftzug »Bauhaus« in das Gebäude, so ist das Hinaufschreiten der Treppe in das Foyer gleich wieder ein Zugehen auf das Licht. Man steht vor der großen Scheibe des Hauptfoyers und ist gezwungen, sich zu entscheiden, in welche Richtung man sich nun bewegen will. Die Soffittenleuchten an der Decke, gestaltet von Max Krajewsky, orientieren mit der Farbgestaltung des Fußbodens [nach dem Entwurf von László Moholy-Nagy] auf die Aula. Sind die Türen zur Aula sowie die Faltwand zwischen Bühne und Mensa geöffnet, erweitert sich der Raum zur so [nach den Bauhausfesten] genannten Festebene, bestehend aus Foyer, Aula, Bühne und dahinter liegender Mensa.

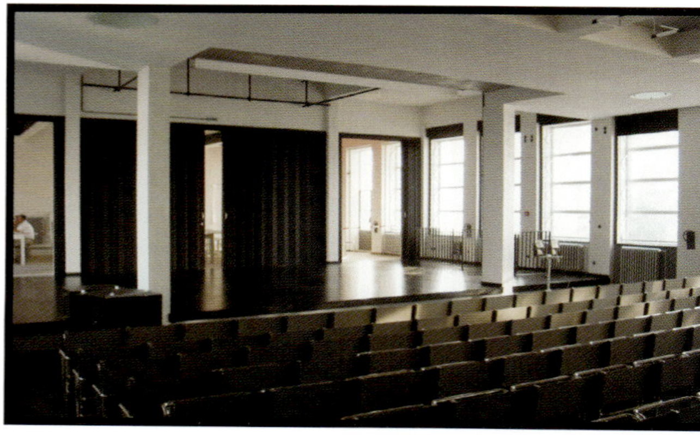

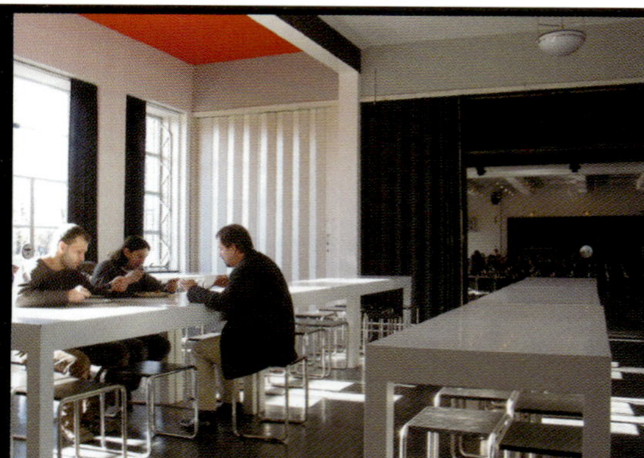

69 Bauhausgebäude, Eingang, 2003 | 70 Foyer im 2. Obergeschoss [Haupttreppenhaus], 2003 | 71 Bauhausweberin Otti Berger in der Mensa, 30.9.1932
72 Aula, 2004 | 73 Blick von der Mensa über die Bühne zur Aula, 2002

Die Soffittenlampen finden sich auch in der Aula, die dahinter liegenden Deckenfelder sind seit 2004 wieder wie in der Entstehungszeit mit Silberbronze gestrichen. Die Mensa, auch erreichbar über eine separate Treppe am Atelierhaus, moduliert in Farbigkeit und differenzierten Oberflächenqualitäten das durch große Fenster einfallende Licht. Die beiden Unterzüge der Decke reflektieren, genau wie die darunter stehenden Tische [nach Entwürfen von Marcel Breuer], mit weißen, spiegelglatt polierten Oberflächen das Licht, während andere, u. a. rot und schwarz gestrichene Wandflächen matte bzw. raue Oberflächen haben. Dies entspricht genau den Aufzeichnungen von Hinnerk Scheper: »Farbiger Organisationsplan des Bauhauses in Dessau deutet die von seinen verschiedenen Funktionen bedingte Ordnung des Gebäudekomplexes durch die Farbe an. [...] Bei der Gestaltung werden tragende und füllende Flächen unterschieden und dadurch dessen architektonische Spannung zu klarem Ausdruck gebracht. Die räumliche Wirkung der Farbe wird gesteigert durch Anwendung verschiedener Materialien: glatte, polierte, körnige und raue Putzflächen, matte, stumpfe und glänzende Anstriche, Glas Metall usw.« [60] Von der Decke hängen drei an jeweils drei Metallstangen befestigte Leuchten, entworfen von Max Krajewsky, die das Licht der Glühlampen durch einen opaken Glasschirm filtern. Zeitgenössische Fotografien verraten, dass die von 1926 bis 1932 am meisten verwendete Arbeitsleuchte im Bauhausgebäude – aber auch z. B. in Hannes Meyers Bundesschule des ADGB – keine Bauhausentwicklung war: Die so genannte Midgard-Tischleuchte des Industriewerks Auma in der gleichnamigen thüringischen Stadt war 1924 von Curt Fischer entworfen worden. Klaus Weber kommt zu dem Schluss, dass die »entmutigende Perfektion solcher Vorbilder« der Grund

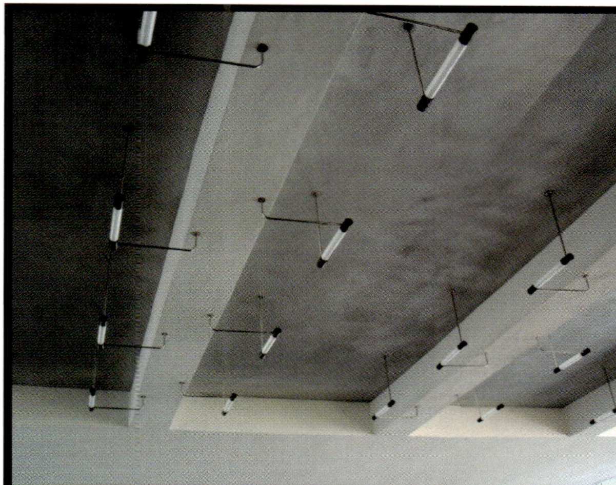

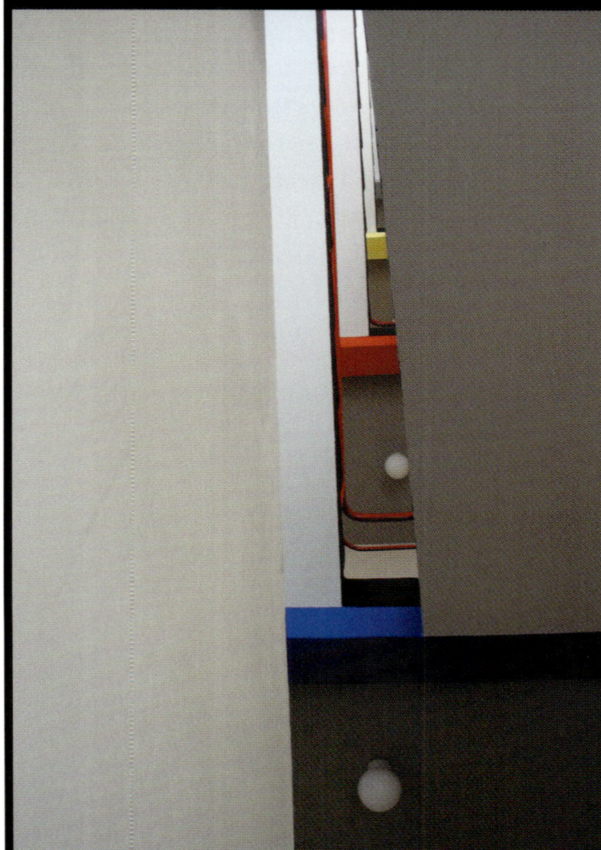

74 Bauhausgebäude, Auladecke, 2004 | 75 Ateliertrakt, Treppenhaus, 2004

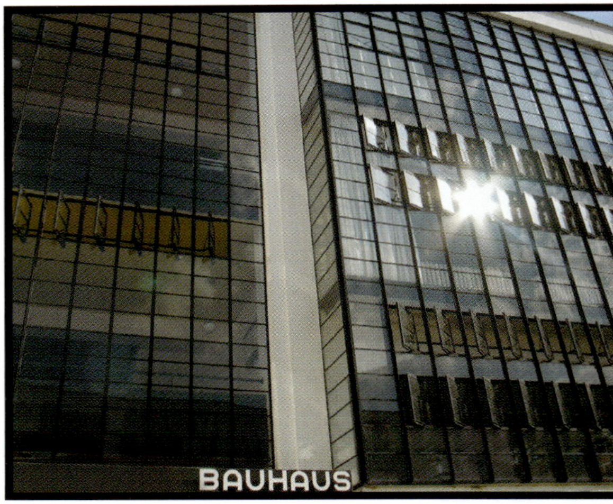

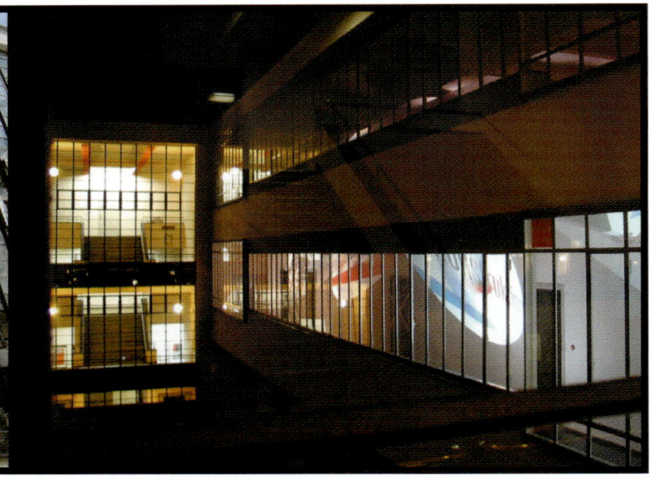

gewesen sein wird, dass am Bauhaus keine überzeugenden Gelenkarmleuchten entstanden. [61] Marianne Brandt bemerkte zu der auch von ihr benutzten Midgardleuchte: »Beneidet haben wir später die Erfinder der Midgardleuchte – unsere Lampe war auch verstellbar, aber eben nicht so elegant.« [62] Außerhalb des Gebäudes sorgen bei Nacht die Kugelleuchten an den Brückenpfosten und die im Kontrast dazu stehenden Straßenleuchten nach einem Schinkelschen Entwurf – sie waren 1928, als sie auf den Gehwegen der durchs Gebäude führenden Straße montiert wurden, die übliche Straßenbeleuchtung in Dessau – für eine moderate Helligkeit, denn weit heller strahlen die Treppenhäuser und der Werkstattflügel.

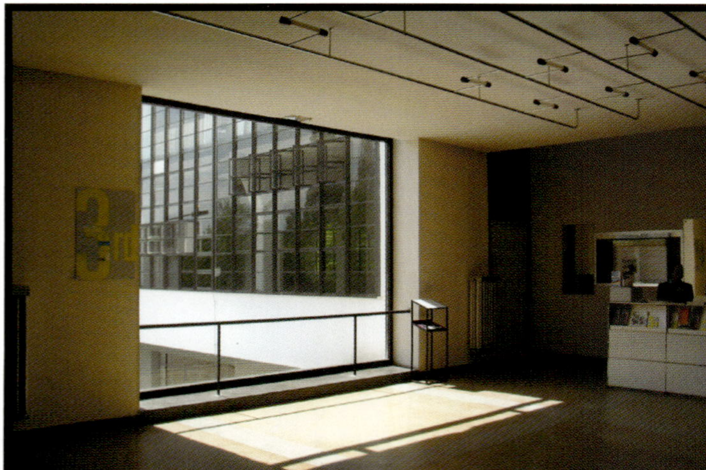

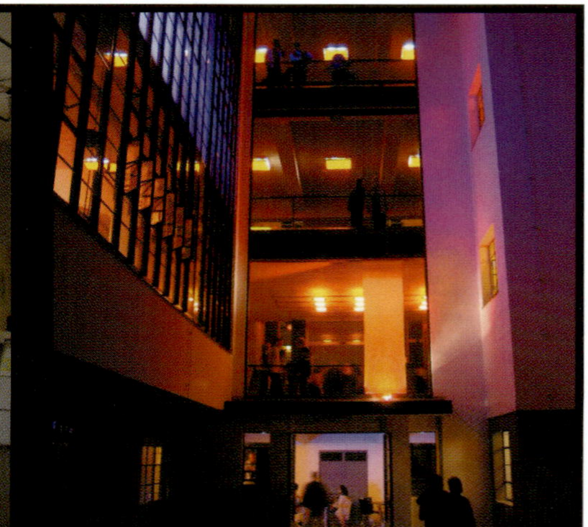

76 Bauhausgebäude, Blick vom Eingang zum Werkstattflügel, 2003 | 77 Lichtinstallation von Gleb Gamasin, 2003 | 78 Foyer in der Festebene, 2004 | 79 Lichtinszenierung zum Bauhaus-Fest, 2004

4.2. Die Meisterhäuser

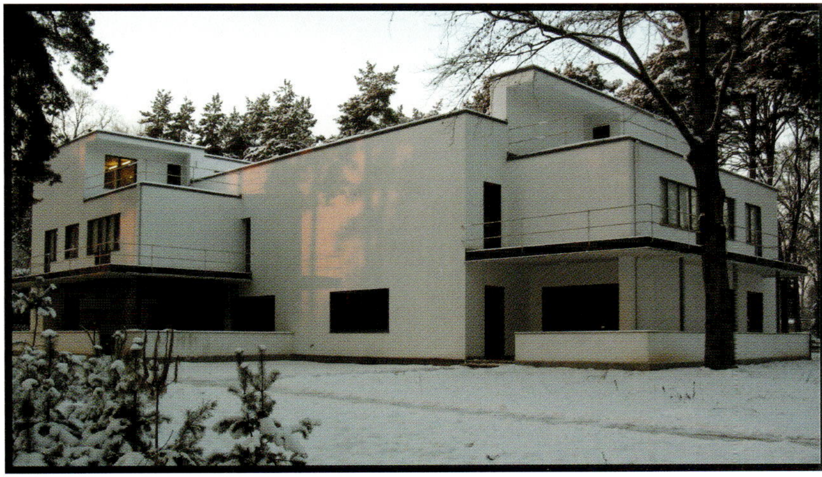

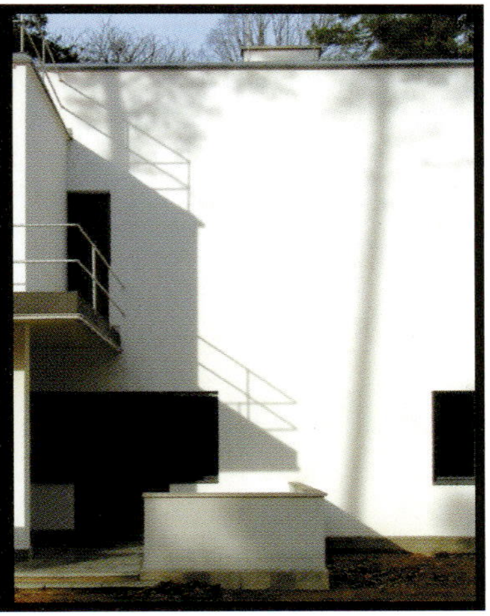

Im Auftrag der Stadt an das Büro des Bauhausdirektors Walter Gropius entstanden so 1925 bis 1926, zeitgleich mit dem Bauhausgebäude, die Häuser für die sieben Meister des Bauhauses: Ein Einzelhaus [ohne Atelier] für den Direktor und drei Doppelhäuser mit Ateliers, in die als Erstmieter László Moholy-Nagy und Lyonel Feininger, Georg Muche und Oskar Schlemmer sowie Wassily Kandinsky und Paul Klee mit ihren Partnerinnen bzw. Familien zogen. Diese Häuser waren zugleich Demonstrationsobjekte einer neuen Lebensart: Mit mehr Licht, Luft und Sonne würde das Leben in diesen Häusern gesünder, geistvoller, ökonomischer und rationeller verlaufen. So der Architekt und Bauhausdirektor Walter Gropius in seinen Worten aus dem Jahr 1930, die auch der UNESCO als Begründung für die Erklärung der Meisterhäuser zum Welterbe dienten. Faszinierend ist bei diesen Bauten, besucht man sie an einem sonnigen Tag, das von Gropius einkalkulierte Schattenspiel der Bäume, in die er seine Architektur einwob, wie er 1930 schrieb. Das Leuchten der Baukörper begeisterte zahlreiche Zeitgenossen. »Die Fenster suchen das Licht dort, wo sie es finden können. Vorsprünge fangen den Schatten ein. Auf den Plattformen und Terrassen dienern Luft und Wärme«, schwärmte 1927 der polnische Dichter Tadeusz Peiper, als er mit dem russischen Maler Kasimir Malewitsch das Bauhaus besuchte. [63] Allerdings gibt es bei den Meisterhäusern kein so raffiniertes Spiel mit transparenten Ecken und mit gegenseitigen Spiegelungen großer Glasflächen wie beim Bauhausgebäude. Die Glasflächen der nördlichen Atelierfenster sind in ihrer aufgesetzt wirkenden Kastenform mehr flacher Kubus als lichtdurchfluteter diaphaner Körper. Der Eindruck der Großzügigkeit erlischt beim Eintreten in die Meisterhäuser. Nach Durchschreiten der Windfangtür dringt weit weniger Licht über das senkrechte Fensterband des Treppenhauses als erwartet in den Flur.

Erst beim Gang in eines der Zimmer gibt es wieder mehr Licht, besonders in den nach Süden ausgerichteten Wohnräumen. Aber auch hier gibt es kaum direkt und tief in den Raum eindringendes Sonnenlicht. Die Bewohner wussten dies durchaus zu schätzen. Lyonel Feininger hatte z. B. befürchtet,

80 Meisterhaus Kandinsky – Klee von Südost, 2002 | 81 Schattenspiel am Haus Muche – Schlemmer, 2003

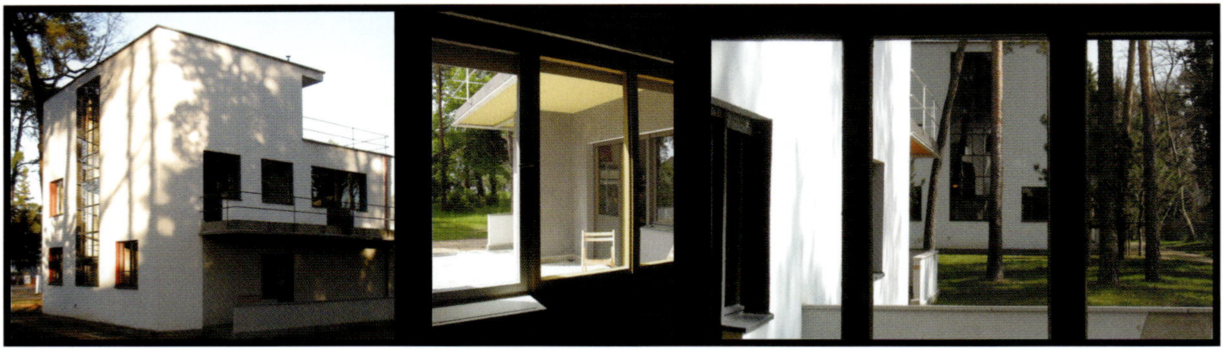

dass die Wohnung zu lichterfüllt sein könnte. Nach einem Baustellenbesuch schrieb er 1926 an seine Frau: »Ich sitze auf unserer Terrasse, die einfach wonnig ist. Der Überhang und die kurze Südwand, über die wir so unglücklich waren, auf dem Plan des Hauses, geben gerade das gemütliche Licht – ohne diese Vorsprünge wäre alles in Sonne und Mittagsglut gebadet.« [64] Die Balkone, die auch zum Baden im Sonnenlicht gedacht waren, erwiesen sich für die darunter liegenden Räume somit auch als wirksamer Schutz gegen direktes Sonnenlicht. Die Farbigkeit im Innern ist für die Lichtwirkung der Meisterhäuser von immenser Bedeutung. Sie ist stärker und komplexer als jahrzehntelang vor der Restaurierung angenommen. So ist z. B. die Unterseite des vorkragenden Atelierteils des Hauses Moholy-Nagy – Feininger blau gestrichen, die Fallrohre rot, Fensterlaibungen rot oder blau. Die Unterseiten der Balkone sind gelb, teilweise orange [Haus Muche], auch einzelne Wandflächen werden farbig – z. B. grau oder orange – hervorgehoben. Besonders für die hoch differenzierte Farbgestaltung der

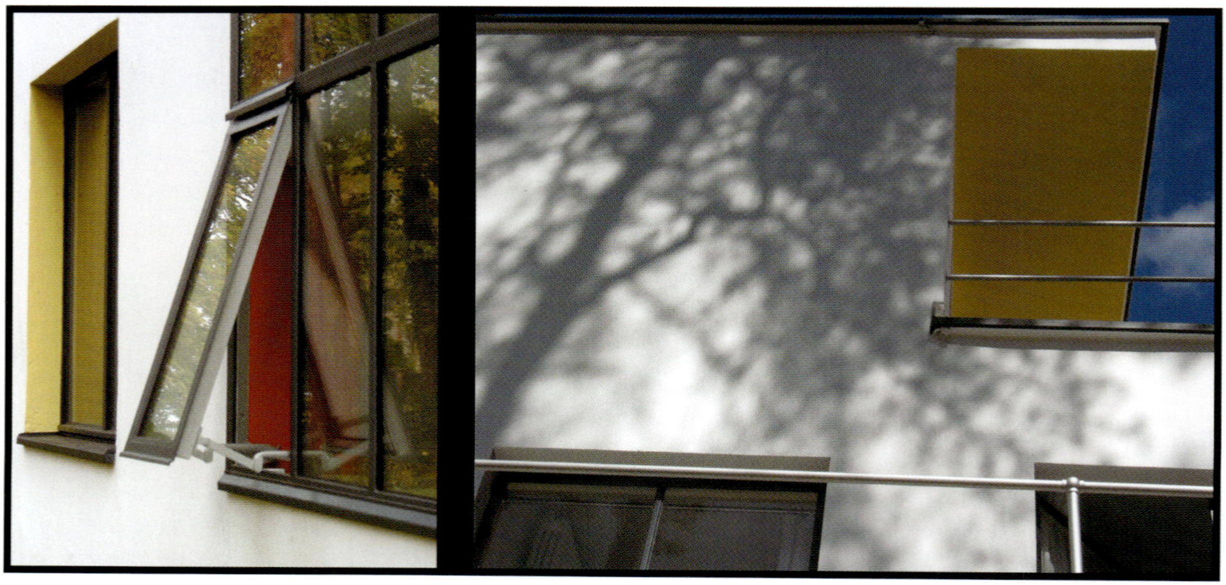

82 Haus Feininger von Südwest, 2004 | 83 Haus Klee, Blick aus dem Wohnzimmer, 2004 | 84 Haus Schlemmer, Blick aus dem Speisezimmer, 2003 | 85 Haus Schlemmer, Treppenhausfenster, 2003 | 86 Schattenspiel am Haus Muche, 2003

Häuser Klee und Kandinsky konnte ein enger Zusammenhang mit den Farbtheorien der Künstler nachgewiesen werden. Im Atelier von Paul Klee ist die vom Licht am besten beschienene Wand schwarz gestrichen, so dass auf ihr die Bilder des Malers in aller Farbpracht leuchten konnten. Die gegenüber liegende Wand war dagegen in einem sehr hellen Farbton gestrichen – ein interessantes Spiel mit Farb- und Lichtkontrasten.
Bei Dunkelheit fällt das Leuchten der Meisterhäuser weitaus geringer aus als am Bauhausgebäude. In den Meisterhäusern kamen nicht nur die schon genannten Leuchten von Marianne Brandt zum Einsatz, sondern auch so genannten P-H-Lampen, entworfen von Poul Henningsen und seit 1924 auf dem Markt. 1929 hieß es dazu in der Bauhauszeitschrift, dass sie »in den Häusern der Bauhausmeistersiedlung vielfach im Gebrauch« wären, was »eine gute Empfehlung« sei, »denn man ist am Bauhaus, gerade was Beleuchtung anbelangt, schon durch eigene Erzeugnisse sehr anspruchsvoll«. Der Kommentar in der Zeitschrift spricht den P-H-Lampen zu, dass ihre »technisch-phantasievolle Konstruktion« auch »formbereichernd« wirke. [65]

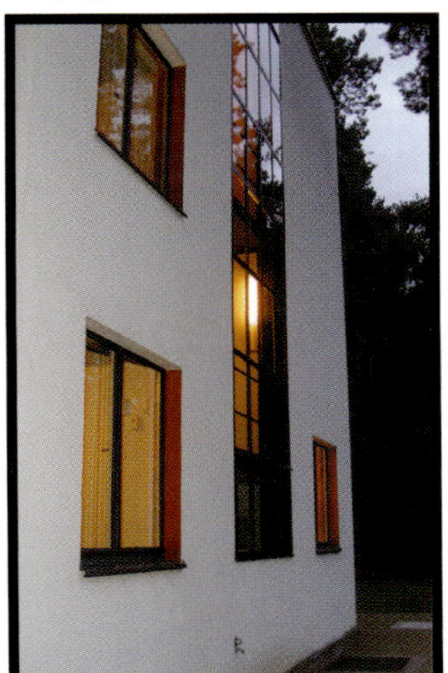

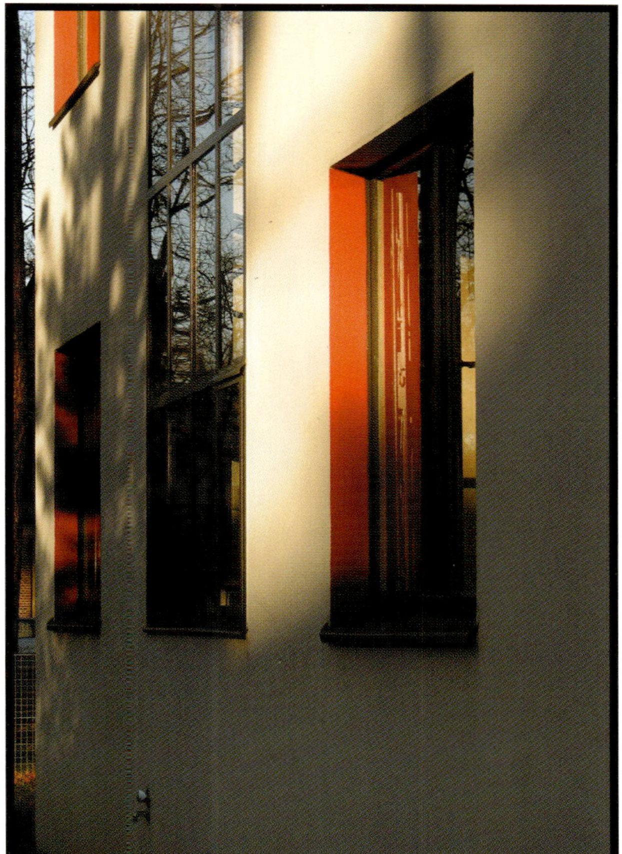

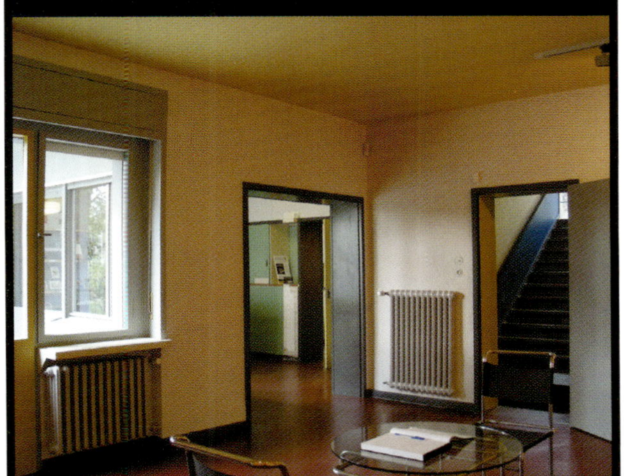

87 Haus Feininger, 2004 | 88 Haus Feininger, 2004 | 89 Haus Klee, Wohnzimmer, 2002

4.3. Das Arbeitsamt

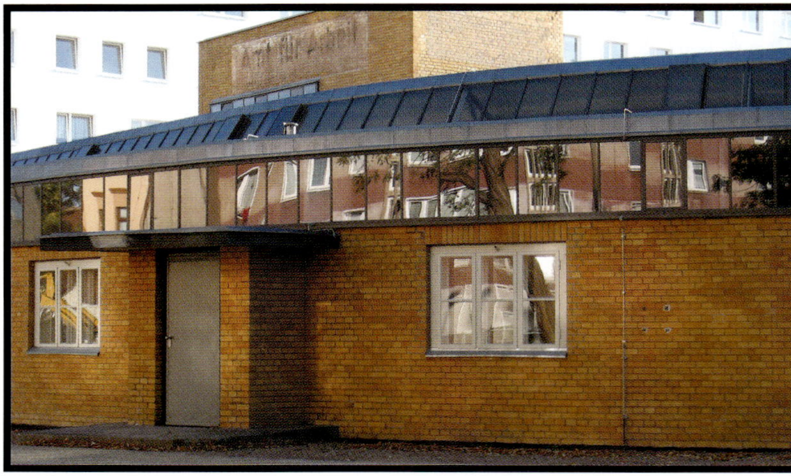

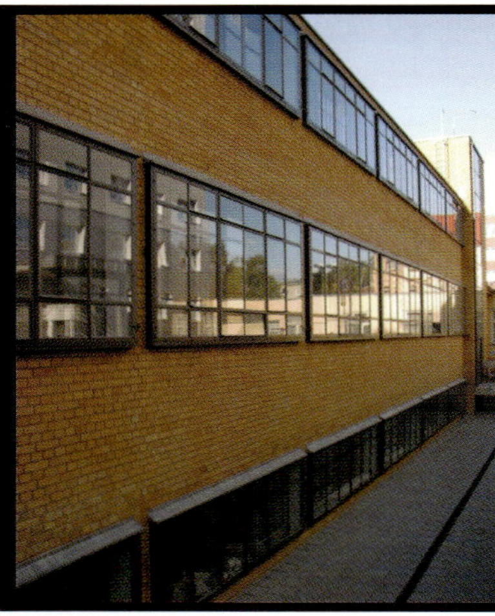

Am Anhaltischen Platz, unweit des ersten Standorts von Walter Gropius' Architekturbüro in der Mauerstraße und in direkter Nähe des von Erdmansdorff entworfenen Historischen Friedhofs aus dem späten 18. Jahrhundert, befindet sich das ehemalige Arbeitsamt. Der neue, eigene Bautyp Arbeitsamt entstand Anfang der zwanziger Jahre, als die negativen Auswirkungen der Industrialisierung ungekannte Ausmaße erreichten. Die bisherigen Arbeitsämter waren dem Ansturm der Arbeitslosen nicht mehr gewachsen. Angesichts dieser Entwicklung beauftragte die Reichsarbeitsverwaltung den Berliner Architekten Martin Wagner mit der Analyse des Problems. Die Ergebnisse seiner Untersuchungen veröffentlichte Martin Wagner 1925 mit dem Aufsatz »Das Haus der Arbeit« im Reichsarbeitsblatt. [66] Er gab dort genaue Hinweise zur städtebaulichen Situierung, zur zweckmäßigen Grundriss- und Baukörpergestaltung und zur gesellschaftlichen Bedeutung der Arbeitsämter. Sie sollten Orte der Begegnung und der sozialen Geborgenheit sein, mit öffentlichen, über den eigentlichen Zweck hinausgehenden Einrichtungen. Sie waren repräsentativ wie Schulen, Banken oder andere öffentliche Gebäude zu gestalten und sollten eine helle und klare Atmosphäre erzeugen. Das 1928 – 1929 in Dessau errichtete Arbeitsamt von Walter Gropius gilt als die architektonisch-planerisch konsequenteste Umsetzung der neuen Bauaufgabe. Walter Gropius plante zwei nach der Funktion unterschiedene Teile. Die hinter dem Schalter im zweigeschossigen, lang gestreckten Trakt liegenden Büros der Verwaltung waren miteinander verbunden. Ein vorgelagerter, eingeschossiger Rundbau war dem Publikumsverkehr zugeordnet. Um den starken Publikumsverkehr zu bewältigen, wählte er einen Grundriss, der den Strom der Arbeitssuchenden kanalisierte. Nach Geschlecht und Beruf getrennt gab es fünf Eingänge mit dahinter liegenden, gleichartig organisierten Sektoren mit Warteräumen und kleinen Kabinen für Arbeitgeber und Arbeitsvermittler. Kam es zur Vermittlung einer Stelle, ging man durch den großen Rundgang nach draußen. Konnte nichts vermittelt werden, betrat man eines der Büros des inneren Rings zur Aufnahme in die Arbeitslosenversicherung und gelangte dann zur zentral gelegenen Kasse,

90 Arbeitsamt, Rundbau, 2003 | 91 Trakt mit Treppenhaus, 2003

an der das »Stempelgeld« ausgezahlt wurde. Das Gebäude ist ein Stahlskelettbau, der mit gelbem Langloch-Ziegelmauerwerk ausgefacht bzw. umkleidet ist. Das Äußere des Baus ist von Gropius also wieder in Anlehnung an sein Fagus-Werk von 1911 – 1914 gestaltet worden. Das gelbe Ziegelmauerwerk harmoniert mit dem Blau der Metallfenster und Türen. Die Fenster und Oberlichter in den Außenwänden und die Treppenhausverglasung bestehen aus filigranen Stahlrahmen, die wie beim Bauhausgebäude deutlich als selbstständige Elemente vor die Außenwand gesetzt sind. Einzelne Elemente der Stirnseiten-Verglasung der Sheddächer und der darunter geführten Staubdecke aus opakem Luxfer-Glas können über Seilzüge und Kurbeln zum Belüften geöffnet werden. Im Innern überrascht die räumliche Großzügigkeit. Keineswegs entsteht der Eindruck eines Labyrinths. Die hellen Wände, dem Hygiene-Ideal der Moderne folgend verfliest, heben sich vom dunklen, von Messingbändern durchzogenen Terrazzofußboden ab und scheinen unter der bis in die Tiefe des Raumes gleichmäßig hellen Decke zu schweben. Der Höhepunkt ist die Decke aus Luxfer-Glas, die mit ihrer prismatisch-diffusen Lichtverteilung für eine gleichmäßige, schattenlose Helligkeit in allen Räumen sorgt, die die von Hinnerk Scheper konzipierte Farbigkeit zum Leuchten bringt. Nachts wird der Raum von den kugelförmigen Deckenleuchten Marianne Brandts erleuchtet. Ein interessantes Licht-Detail sind die elektrisch beleuchtbaren Glasschilder an der Wand des inneren Ringes, deren Aufleuchten ehemals den Arbeitssuchenden den Eintritt signalisierte.

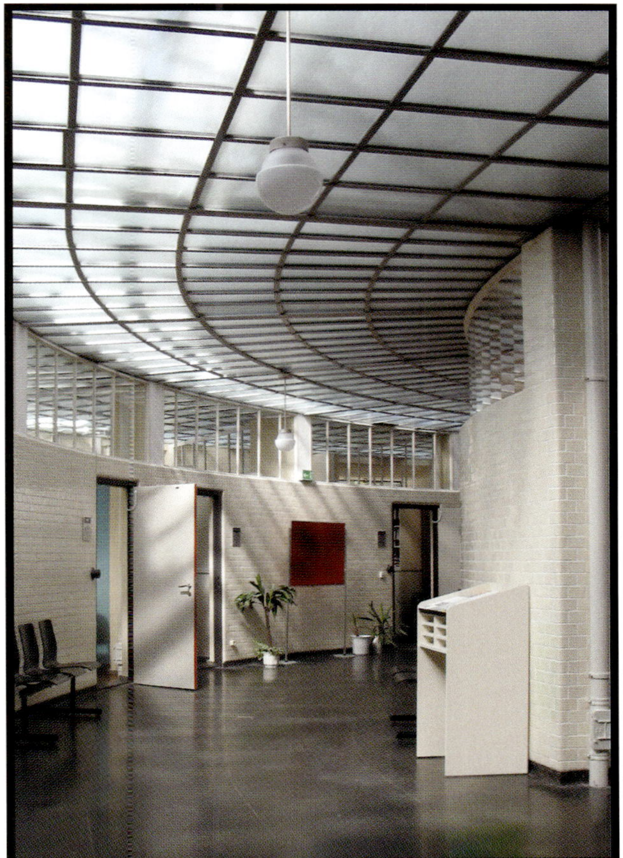

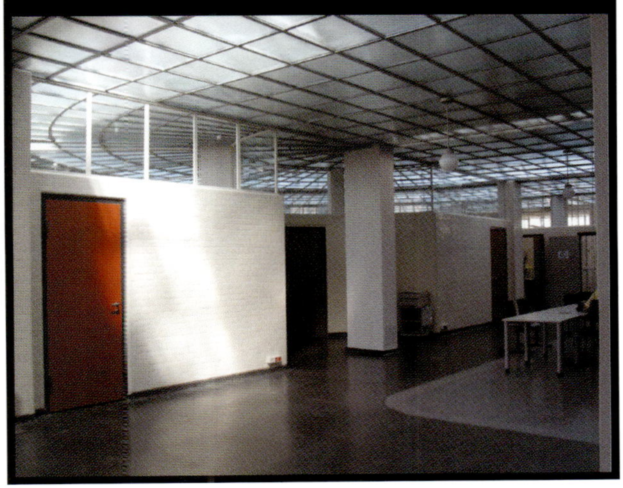

92 Arbeitsamt, Gang im Rundbau, 2003 | 93 Zentraler Bereich im Rundbau, 2003

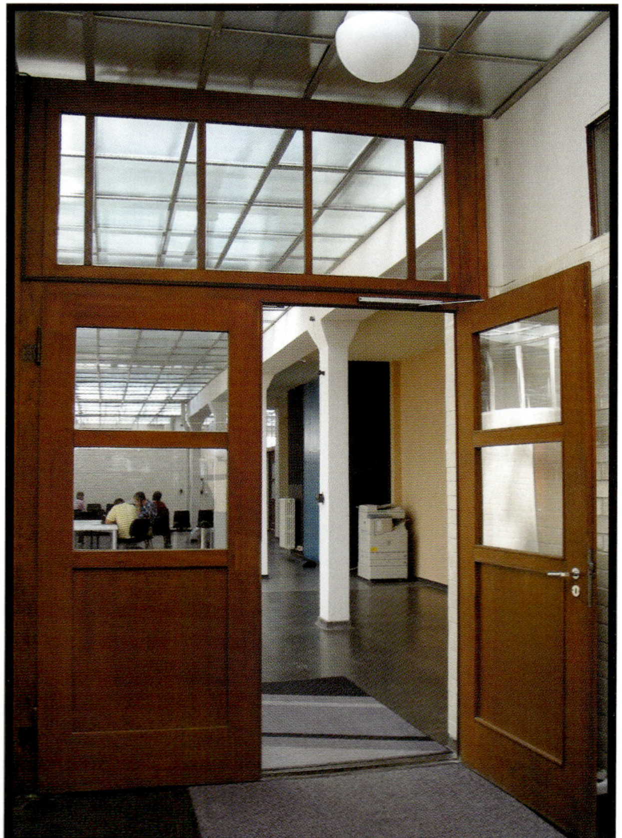

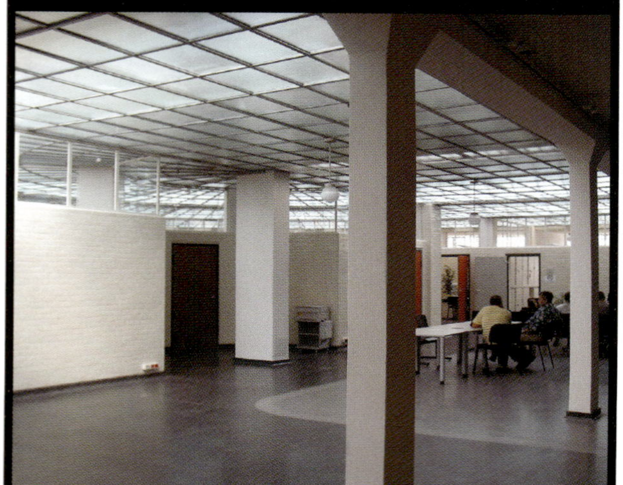

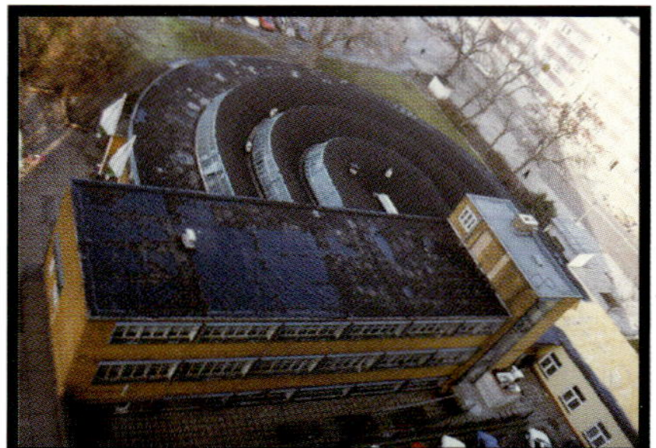

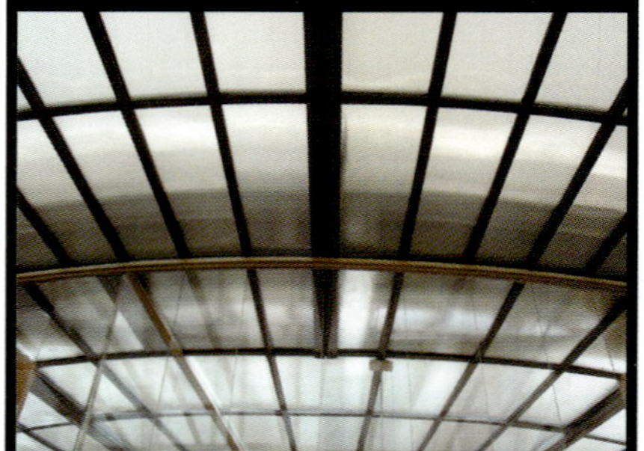

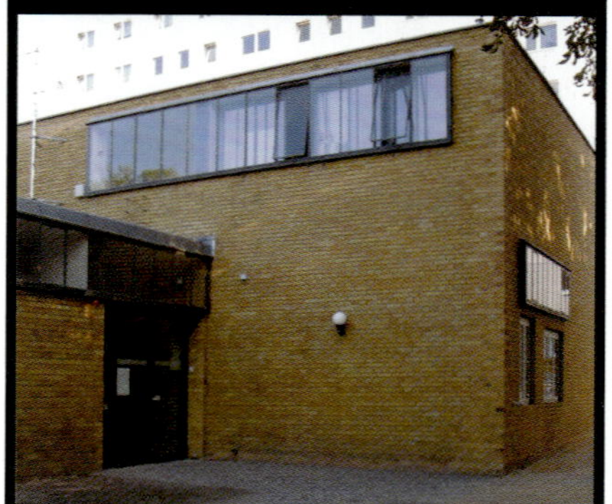

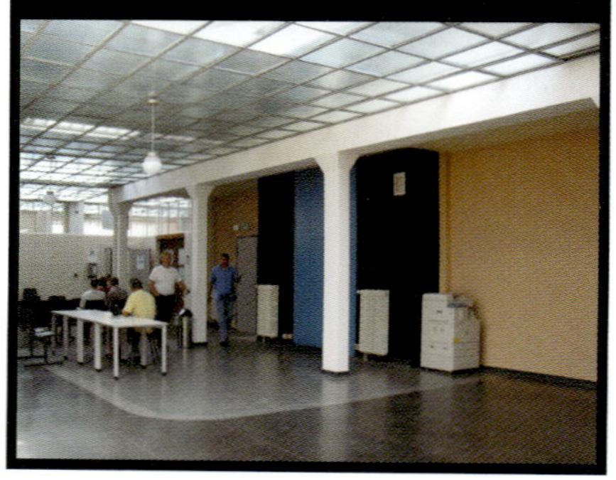

94 Arbeitsamt, heutiger Eingangsbereich, 2003 | 95 Zentraler Bereich im Rundbau, 2003 | 96 Gesamtansicht aus dem Nebengebäude, 1993 | 97 Glasdecke im Rundbau, 2003 | 98 Eingangsbereich, 2003 | 99 Zentraler Bereich im Rundbau, 2003

4.4. Die Siedlung Törten

Mit der 1926 bis 1928 entstandenen Siedlung Dessau-Törten bemühte sich Walter Gropius durch Experimente mit Typisierung, Normierung und Vorfertigung, einen Beitrag zur Lösung des Wohnungsproblems zu leisten. Auftraggeber war die Stadt Dessau. Das Baugelände hatte zuvor der anhaltische Staat erworben. Die Grundlage für die Finanzierung bildete das Reichsheimstättengesetz von 1920, das finanziell schwachen Familien den Erwerb eines Eigenheims ermöglichen sollte. Der Bau der Siedlung vollzog sich in drei Abschnitten. Von 1926 bis 1928 entstanden mehr als 300 Eigenheime mit je einem 350 bis 400 m² großen Gartengrundstück. Die Siedlung geht auf die Gegebenheiten des Ortes ein, während die Abstände zwischen den Häuserzeilen vom Kragarm des Baukranes bestimmt sind. Eine einheitliche Orientierung zum Sonnenlicht ist somit nicht gegeben. Die Häuser zeigten in ihrer äußeren Gestalt das konstruktive System, die Fassaden wurden durch horizontale und vertikale Fensterbänder gegliedert. Alle insgesamt sechs Hausvarianten bilden spiegelbildlich einander zugewandte Paare. Sowohl die Farbgebung als auch die Freiflächengestaltung wurde bis ins Detail geplant. Die drei unterschiedlichen Haustypen mit 74 m², 70 m² und 57 m² Wohnfläche wurden in verschiedenen Varianten gebaut. Der Typ IV des ersten Bauabschnitts in der Doppelreihe hat im Erdgeschoss Wohnzimmer, Wohnküche mit Spüle und Bad sowie Speisekammer, Toilette und Stall. Das Obergeschoss besteht aus drei Schlafzimmern und einer Terrasse über dem Anbau. Beim Typ IV des dritten Bauabschnitts aus dem Jahre 1928 wurde aus Kostengründen die Wohnfläche verkleinert. Zudem sind die Geschossebenen in halber Höhe versetzt, so dass das Treppenhaus nicht voll ausgebildet werden musste. Die beiden Schlafräume im oberen Geschoss sind zur Straße orientiert, während [im

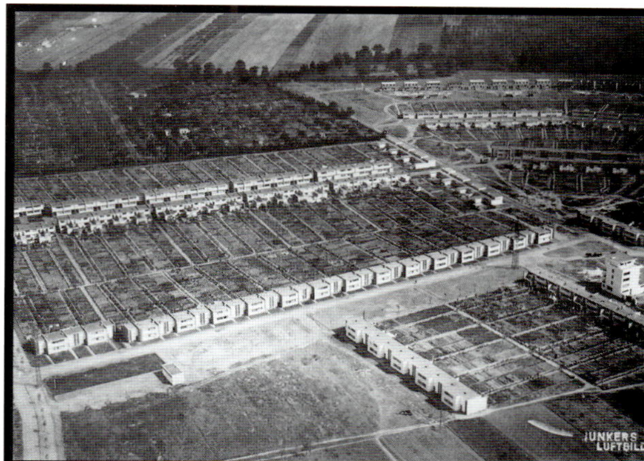

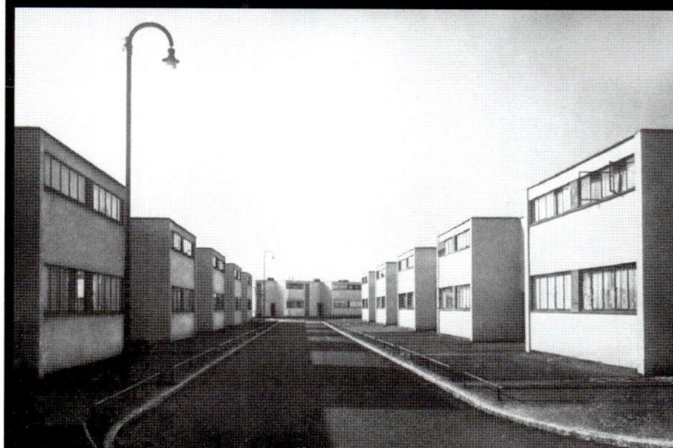

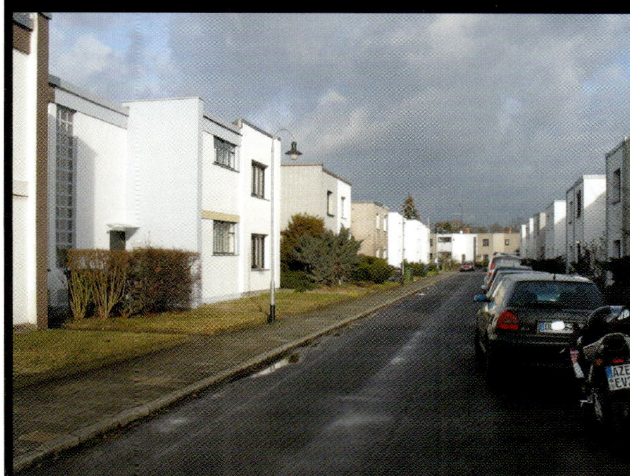

100 Siedlung Törten, Junkers-Luftaufnahme, 1930 | 101 Kleinring, 1927 | 102 Kleinring, 2005

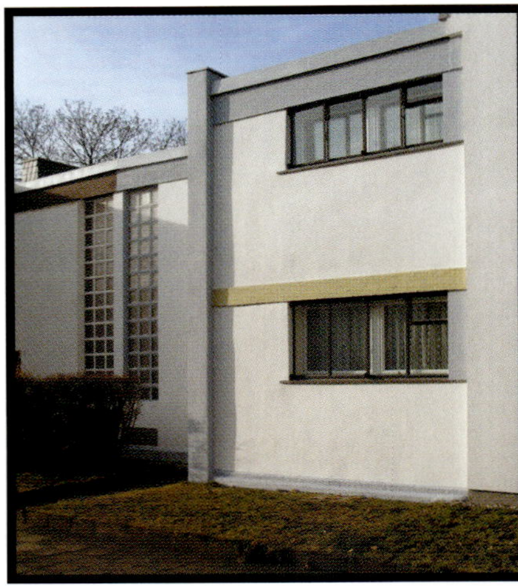

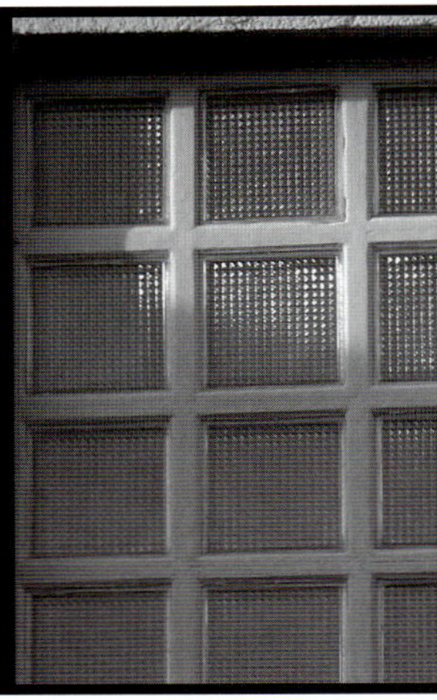

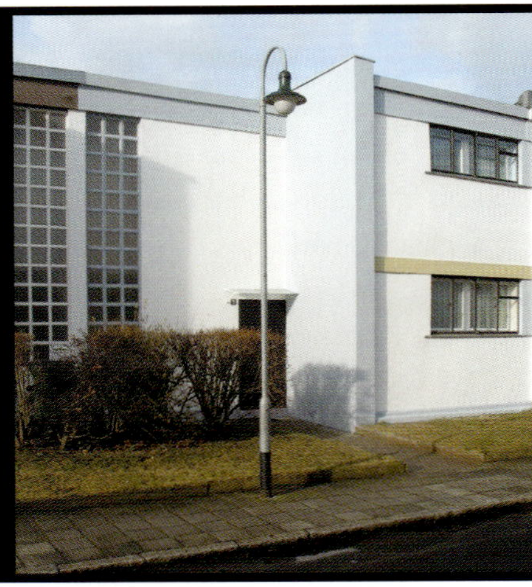

Unterschied zu allen anderen Haustypen der Siedlung] das Wohnzimmer im Erdgeschoss sich zum Garten öffnet, benachbart von Küche, Spüle und Stall. Im Keller befinden sich Bad und Waschküche. Alle Zimmer erhalten zwar ausreichend Licht, allerdings war für die am Tisch oder auf dem Sofa sitzenden Bewohner in den Wohnzimmern der zuerst entstandenen Typen durch die hoch liegenden Fensterbänder kein Blickkontakt zum Straßenraum möglich. Erst der letzte Typ orientierte das Wohnzimmer zum Garten, der durch tief liegende Fenster in jeder Position den Blicken zugänglich war. Der in Hinsicht auf die Lichtgestaltung interessanteste Effekt war bei den ersten Typen der Siedlung durch die Glasbausteine gegeben. Im Typ SieTö I von 1926 wird der Eingangsflur durch eine Reihe von einfachen Glasbausteinen erhellt. Die Häuser des Typs SieTö II hatten ein senkrechtes Fensterelement aus Prismenglas-Bausteinen der Firma Luxfer von je 30 x 30 cm Durchmesser. [67] Die elektrische Beleuchtung geschah mit Kugelleuchten von Marianne Brandt.

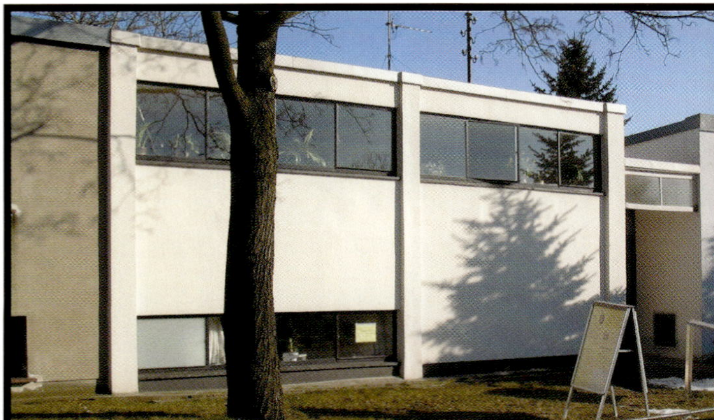

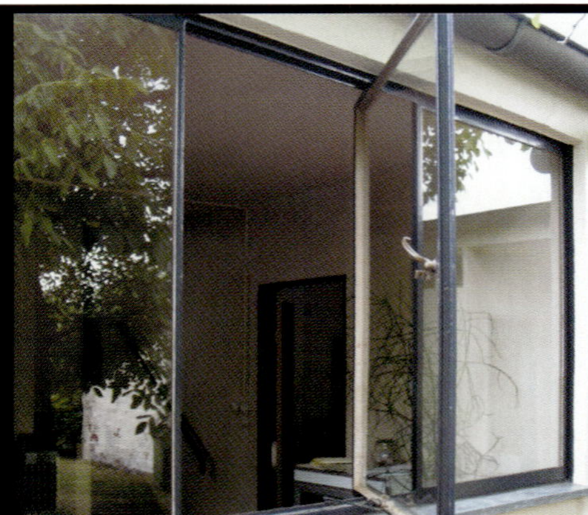

103 Siedlung Törten, Häuser Kleinring 4 [links] und 5, 2005 | 104 Glasbausteine, Kleinring 5, 2005 | 105 Haus Kleinring 5, 2005 | 106 Haus Mittelring 38, 2003 | 107 Haus Mittelring 38, Gartenseite, 2003

4.5. Das Konsumgebäude

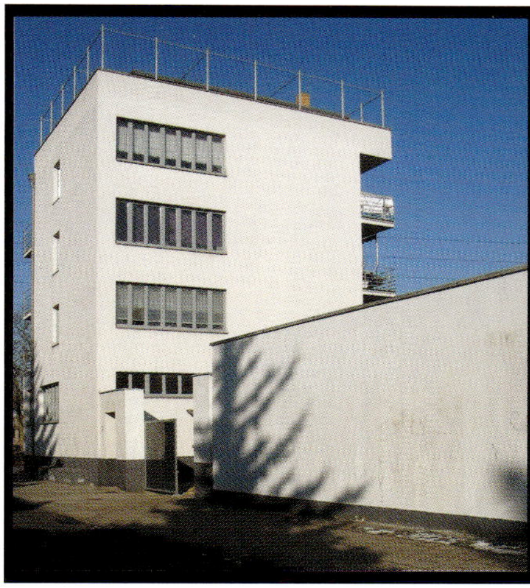

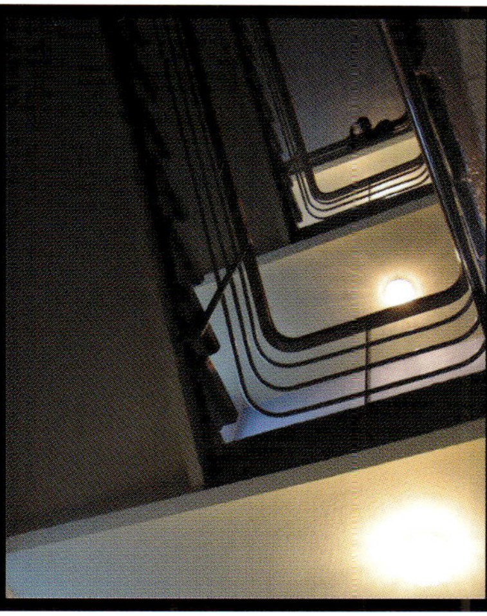

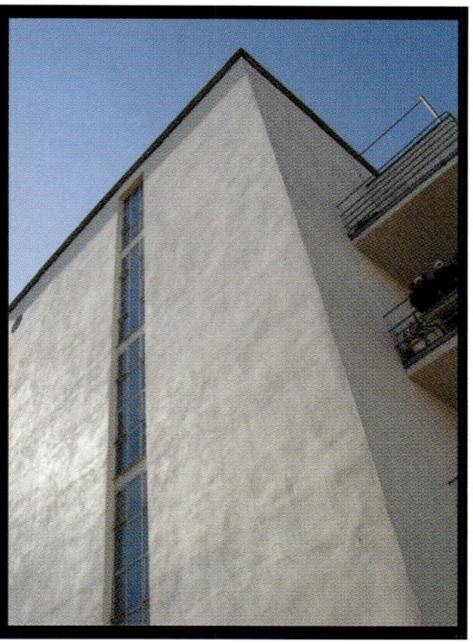

Das Konsumgebäude ist die weithin sichtbare Höhendominante der Siedlung. Walter Gropius entwarf es 1928 für den Konsumverein für Dessau und Umgebung. Das als Eisenbetonskelettbau mit Ziegelausfachung gebaute Haus hat als zwei sich durchdringende Kuben einen flachen Trakt mit Ladeneinrichtung [und ehemals Café] und einen hohen Wohntrakt. Dieser Wohnturm mit generösen 90 m² großen Wohnungen ist noch einmal vom Motiv der Durchdringung zweier Kuben bestimmt, jede Ecke und jede Fassade ist mit raffinierten Rücksprüngen, anderen Fensterformen und anderen Details ausgebildet. Die Ecken mit den Balkonen – einer in Richtung Nordwest, der andere in Richtung Südost – liegen sich diagonal gegenüber, so dass in jeder Wohnung bei Sonnenschein entschieden werden kann, ob man sich sonnen oder lieber im Schatten sitzen will. Das Dachgeschoss wurde ursprünglich von Waschküche und Trockenraum mit vorgelagerter Terrasse gebildet, heute ist es eine Art Penthouse. Auch diese Gebäude waren mit von Marianne Brandt entworfenen Kugelleuchten ausgestattet.

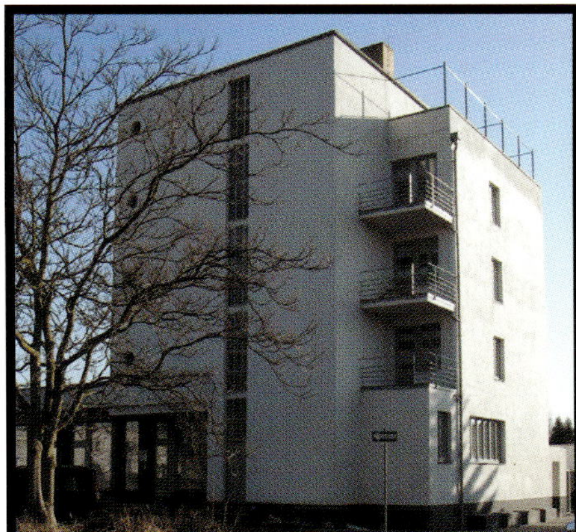

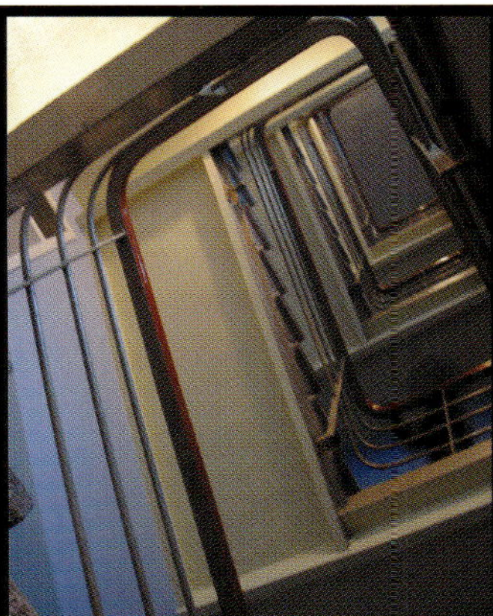

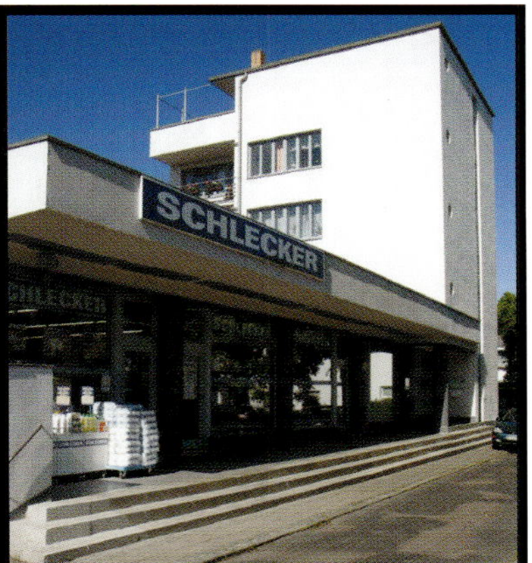

108 Konsumgebäude von Südost, 2003 | 109 Treppenhaus, 2003 | 110 Konsumgebäude von Südost, 2003 | 111 Konsumgebäude von Nordwest, 2003 | 112 Treppenhaus, 2003 | 113 Konsumgebäude von Nordost, 2003

4.6. Das Experimental-Stahlhaus

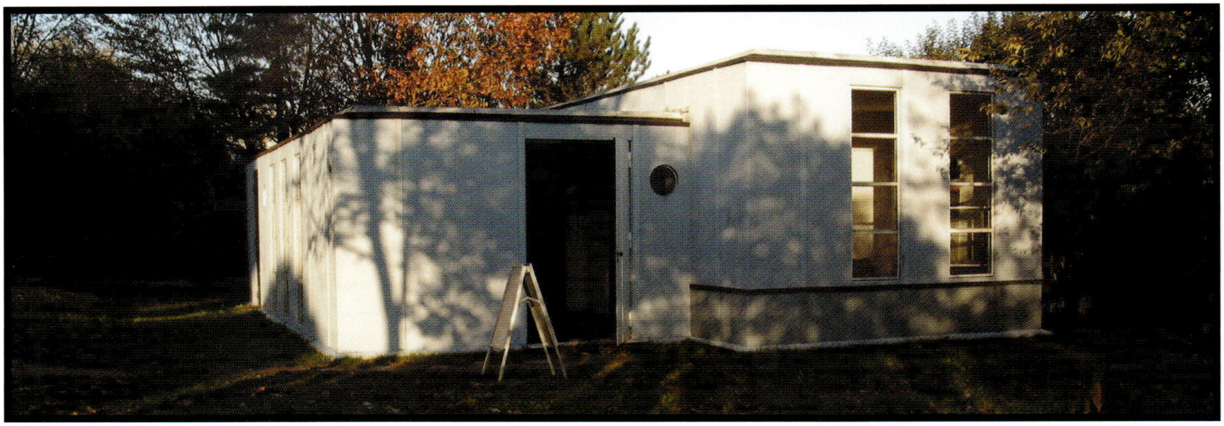

Als das Bauhaus 1925 nach Dessau kam, erhoffte sich Walter Gropius Möglichkeiten für Experimente zu rationalisierten Bauverfahren. Er setzte in Dessau-Törten auf Baumethoden einer Vorfertigung mit Betonteilen, unterstützte aber daneben die schon in Weimar begonnenen architektonischen Versuche der jungen Bauhausmeister Marcel Breuer und Georg Muche. Georg Muche ging bei seinen Planungen zu einem Metallhaus von Ideen aus, die er 1923 mit Adolf Meyer aus dem Team von Gropius beim Haus Am Horn in Weimar entwickelt hatte. Mit dem Bauingenieurs-Wissen des dem Bauhaus verbundenen Poelzig-Schülers Richard Paulick entstand der Entwurf des Experimental-Stahlhauses. Die Bauarbeiten gleich neben dem ersten Bauabschnitt von Gropius' Siedlung in Törten starteten im November 1926, im Frühjahr 1927 konnte das Haus bezogen werden. Die serielle Grundstruktur des Hauses wird schon in der Außenansicht regelrecht zelebriert, ebenso deutlich zeigt es seine Zusammenfügung aus unterschiedlich hohen Baukuben. Diese konsequente Ästhetik war für Paulick, wie er 1976 schrieb, vergleichbar mit dem Sprung von der Kutsche zum Automobil. [68] Ähnlich dem Haus Am Horn hat ein Kubus des

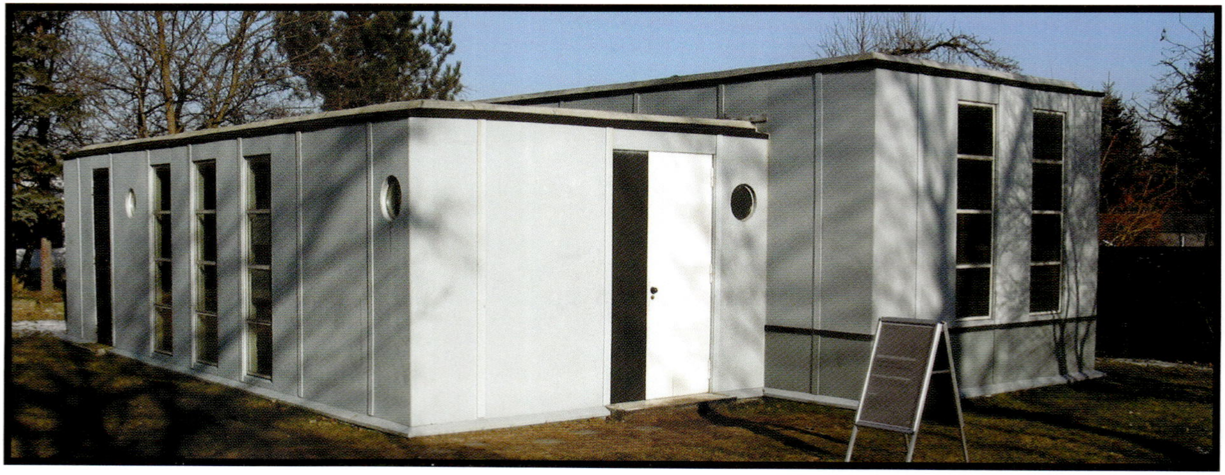

114 Experimental-Stahlhaus, 2002 | 115 Experimental-Stahlhaus, 2003

Stahlhauses, der Wohnraum und ein Schlafzimmer umfasst, eine größere Raumhöhe. Türen und Fenster setzen vertikale Akzente, in den niedrigeren Bereichen sind sie raumhoch, die Fenster laufen bis zur Unterkante des Bodens. Die Wohnfläche übertrifft mit fast 90 m² die der Siedlungshäuser von Gropius. Auf der nicht unterkellerten Betonplatte des Hauses ist ein Stahlskelett im Raster von 1,50 m x 4,50 m montiert, das mit 3 mm starken Stahlplatten beplankt wurde. Die Bauweise sollte eine unkomplizierte Erweiterung des Hauses ermöglichen. Richard Paulick griff aus Kostengründen auf die erprobte englische Braithwaite-Konstruktion zurück, die an die Technologie der Leipziger Tresorbaufirma Carl Kästner AG angepasst wurde. Es haben sich leider keine Unterlagen zur Beleuchtung des Hauses erhalten. Was aber auch heute noch, nach der 1994 erfolgten Restaurierung, erlebt werden kann, ist zum einen die bewusst gestaltete kühle, technische Anmutung der in unterschiedlichen Grautönen gestrichenen Außenflächen und zum anderen die Situation im Innern, die davon geprägt ist, dass durch die hohen Fenster alle Wohn- und Schlafräume großzügig von Licht durchflossen sind

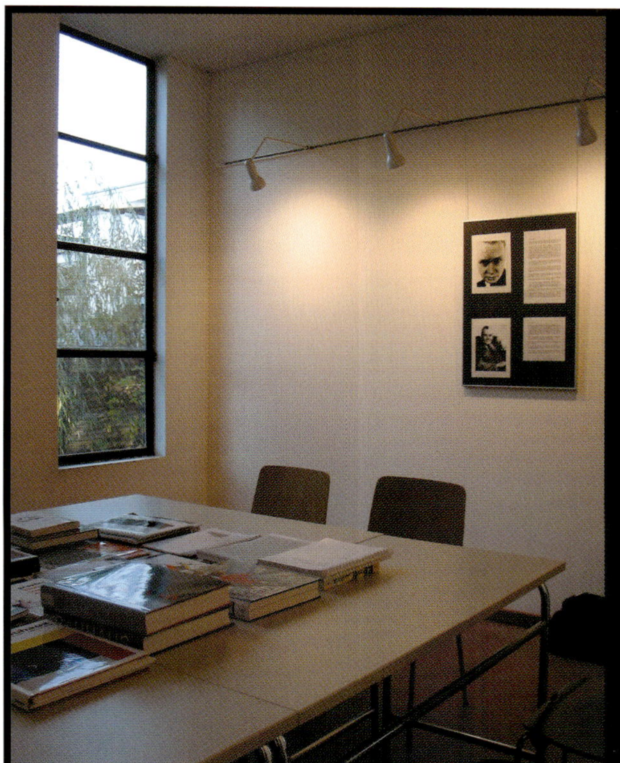

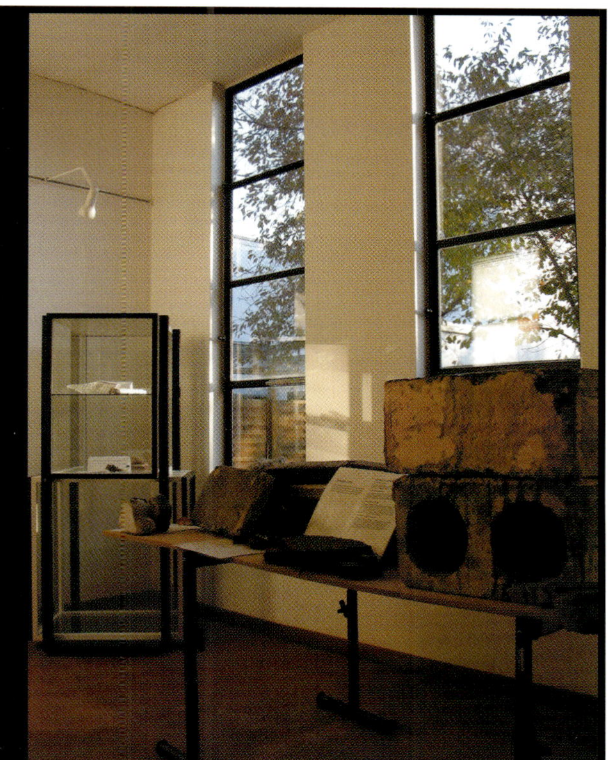

116 Experimental-Stahlhaus, Innenraum, 2003 | 117 Ausstellung von originalen Baumaterialien der Siedlung Törten, 2003

4.7. Das Haus Fieger

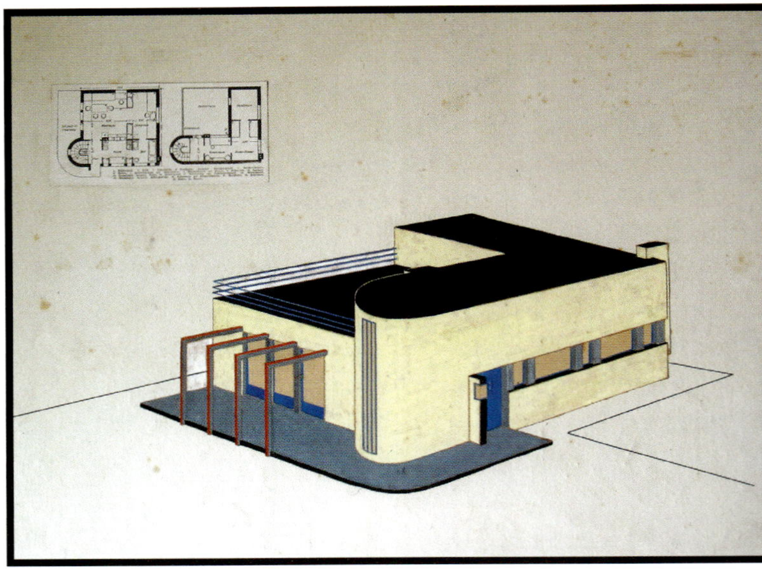

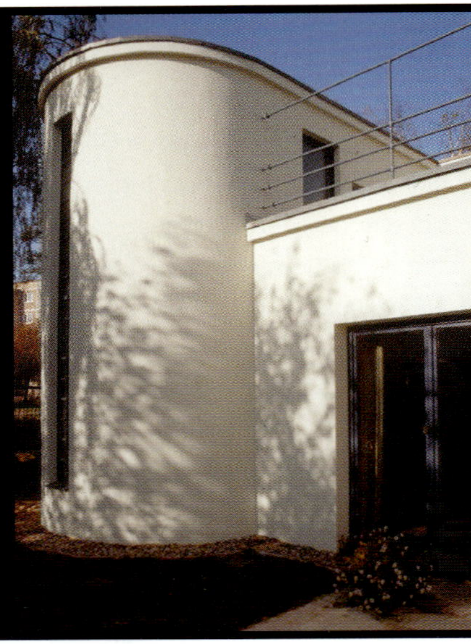

Das Haus Fieger, gleich neben dem Experimental-Stahlhaus gelegen, wurde im Sommer 1927 auf einer der Kiesgruben für die Siedlung Dessau-Törten errichtet. Carl Fieger entwarf die zweigeschossige Minimalwohnung für sich und seine Frau. Es ist ein Gebäude auf quadratischer Grundfläche, aus der nur das Halbrund des Treppenhauses herausragt. Der kubische Baukörper wird durch das vorspringende halbrunde Treppenhaus mit vertikalem Fensterband im Westen und von einer Terrasse auf der Südseite akzentuiert. Der Bau schirmt mit dem L-förmig verlaufenden zweiten Geschoss die Dachterrasse auf dem nur eingeschossigen Wohnraum ab, der, ebenso wie die großen Fenstertüren des Erdgeschosses, zum Garten hin orientiert ist. Die Außenwände haben seit der Restaurierung im Jahre 1996 wieder die Farbigkeit der Entstehungszeit: Ein fahles Gelb für die Wände und Blau für Fensterrahmen, Türen und den umlaufenden zurück gesetzten Sockel. Im Erdgeschoss des ursprünglich 74 m² Wohnfläche umfassenden Hauses befinden sich Wohn- und Schlafraum, beide sind nur durch Einbauschränke und eine Schiebetür voneinander getrennt, wodurch am Tage beide Räume als ein großer Wohnraum genutzt werden konnten. Während sich das Haus durch kleinere Fensteröffnungen zur Straße eher verschließt, öffnet es sich an seiner Südseite mit großen Glastüren, dem vertikalen Fensterband des Treppenhauses und der Dachterrasse dem Licht und dem Garten.

118 Carl Fieger, Perspektive und Grundrisse von Haus Fieger, 1926 | 119 Gartenseite, 1997

4.8. Die Laubenganghäuser

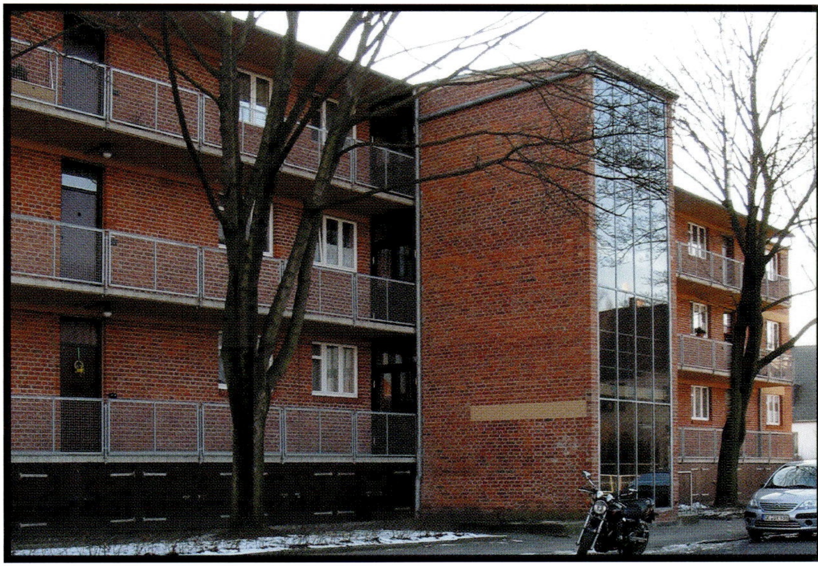

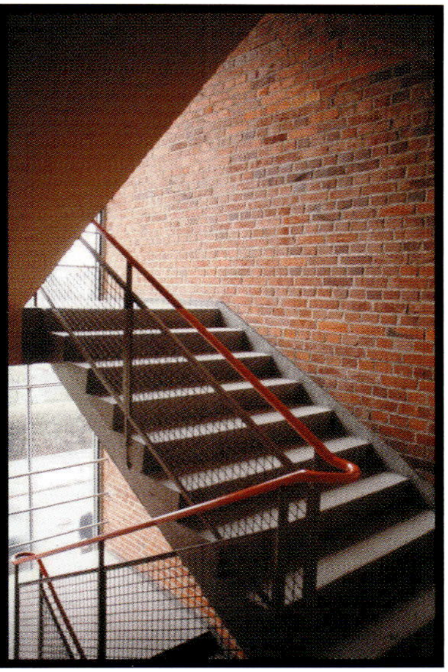

Die 1930 für die Dessauer Spar- und Baugenossenschaft gebauten Laubenganghäuser verantworteten Angehörige der schon erwähnten »vertikalen Brigaden« des Bauhauses als Bauleiter. Die dreigeschossigen Laubenganghäuser mit 30 m² Gartenfläche pro Wohneinheit in strenger, auf Wohnkomfort bedachter Nord- Südausrichtung entstanden in traditioneller Bauweise – Baumaterialien waren Ziegel, Eisenbetonträger, Hohlsteindecken – und sind nur ein kleiner Teil einer erheblich umfangreicher geplanten Siedlung. Das Licht wird im Äußeren nicht verstärkt durch helle Oberflächen oder gar weiße glatte Oberflächen, es lässt dafür die roten Ziegel und hellgelben Betonstürze in ihrer Materialität aufleuchten. In einem der Häuser [Peterholzstraße 40] wurde das verglaste Treppenhaus wieder hergestellt und eine Wohnung auch in ursprünglicher Form denkmalgerecht saniert. Die Leuchten kamen nicht aus dem Bauhaus. Im Treppenhaus und auf den Laubengängen wurden schwarz emaillierte Tiefstrahler der Firma Schanzenbach & Co. montiert.

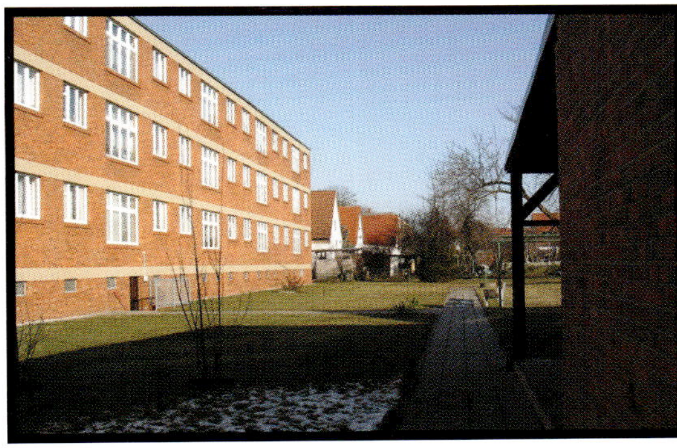

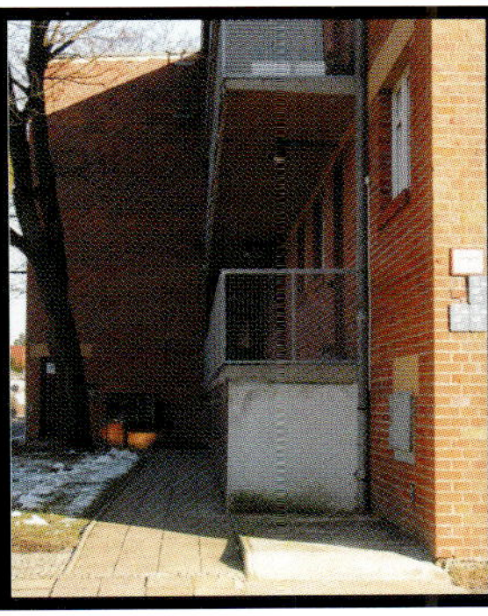

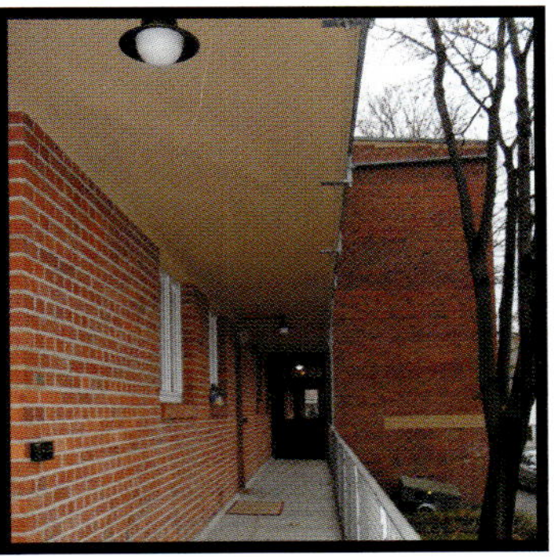

120 Laubenganghaus, Nordseite, 2003 | 121 Treppenhaus, 2003 | 122 Südseite, 2003 | 123 Straßenseite, 2003 | 124 Laubengang, 2004

4.9. Das Kornhaus

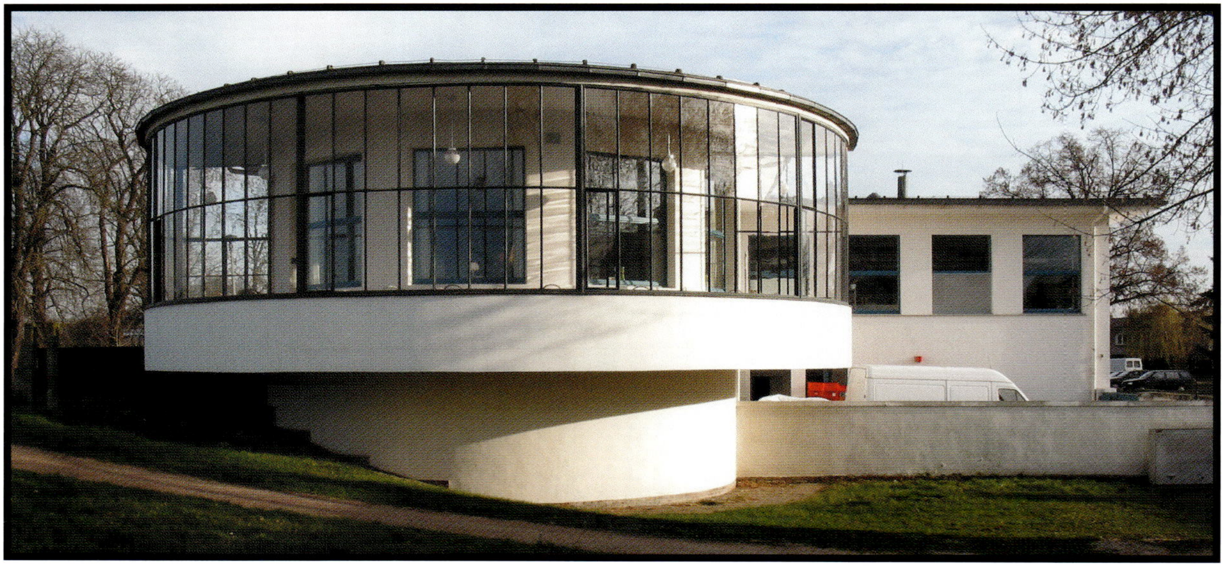

Der Name der Gaststätte Kornhaus stammt aus dem 18. Jahrhundert, als am nördlichsten Punkt Dessaus, der einzigen Stelle, an der die Stadt die Elbe tangiert, ein Getreidespeicher stand. Aus einem gegenüber gelegenen Forsthaus entstand eine Gastwirtschaft, die den Namen Kornhaus bekam. Die Stadt Dessau schrieb im März 1929 einen Architekturwettbewerb für einen Neubau der Gaststätte Kornhaus aus. Zur Realisierung gelangte der Entwurf von Carl Fieger. Am 6. Juni 1930 wurde die neue Gaststätte Kornhaus eingeweiht. Die Gebäudekomposition besteht aus einem direkt in den Hang gesetzten zweigeschossigen Quader mit einem zweiten, eingeschossig auf der Höhe des Walls lagernden, der in Längsrichtung zu ersterem verschoben ist. Zur Terrasse hin ist die Eingangssituation in einem Viertelrund gestaltet. Der ohne Zweifel bestechendste Teil des Gebäudes ist das Halbrund des dynamisch vorkragenden Glasbaus.

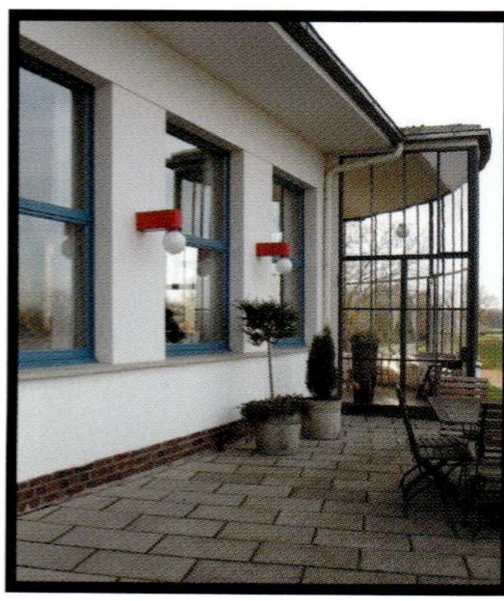

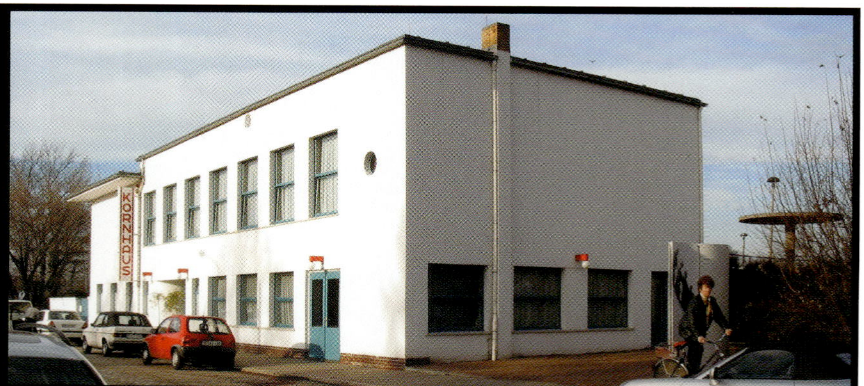

125 Kornhaus, Westansicht, 2002 | 126 Terrasse, 2002 | 127 Straßenansicht, 2002

4.9. Das Kornhaus

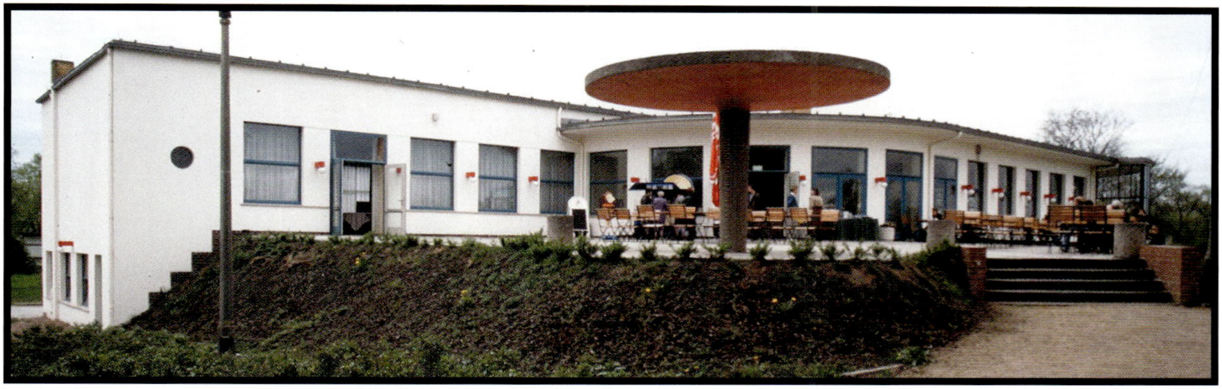

Die Kreismotive des zentralen Bereichs um das Büffet und die cer Terrasse werden durch den als Überdachung einer Tanzfläche gedachten Betonpilz auf der Terrasse wiederholt. Eine der Rundung folgende großzügige Treppe führt ins obere Vestibül, von dem aus die Besucher damals wie heute in den großen Tanzsaal und den eigentlichen Restaurantbereich gelangen können. Die Ausstattung mit Decken-, Kugel- und Soffittenleuchten sowie die Farbgestaltung erfolgten durch die Werkstätten des Bauhauses. Das farblich dominierende Weiß der Wände wird im Außenbereich durch blau gestrichene Fenster und das Rot der Lampen und der Unterseite des Betonpilzes akzentuiert. Der Bau lebt von einer großzügigen Transparenz und Lichtfülle, der Gang von der Straße hinauf zum Gaststättenbereich ist wie im Bauhausgebäude ein Gang zum Licht und zu einer grand osen Sicht über die Elbelandschaft.

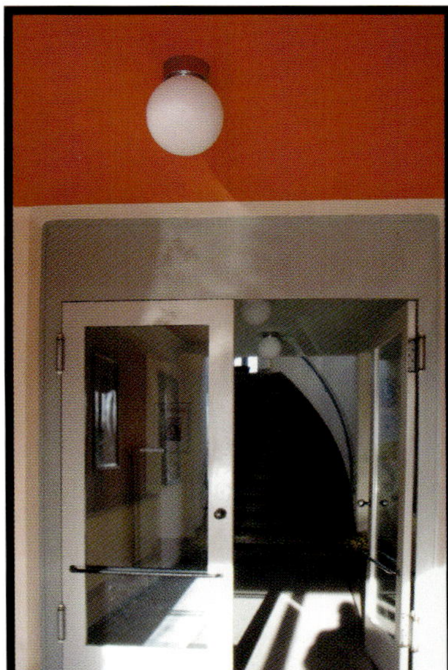

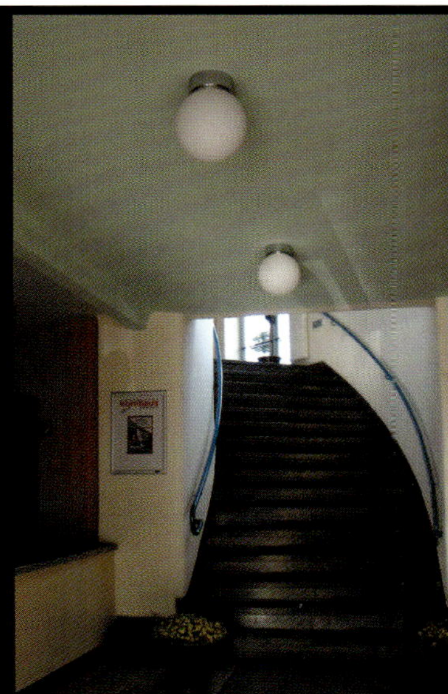

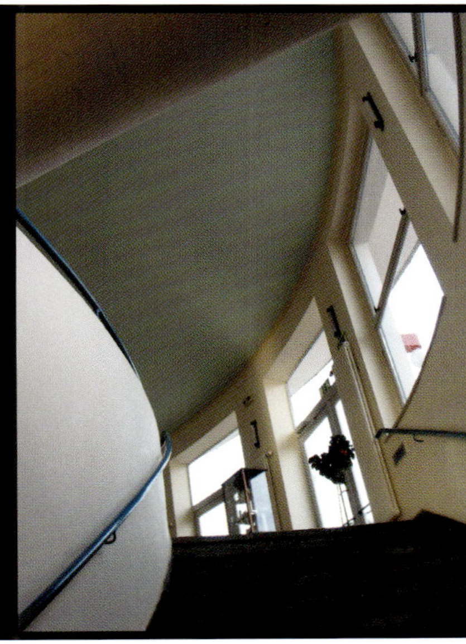

128 Kornhaus, Elbseite, 2002 | 129 Eingangsbereich von der Straße, 2002 | 130 Treppe zum Restaurant und zur Terrasse, 2002 | 131 Treppe zum Restaurant und zur Terrasse, 2002

5. Moderne Architektur und Licht: Blick aufs Erbe

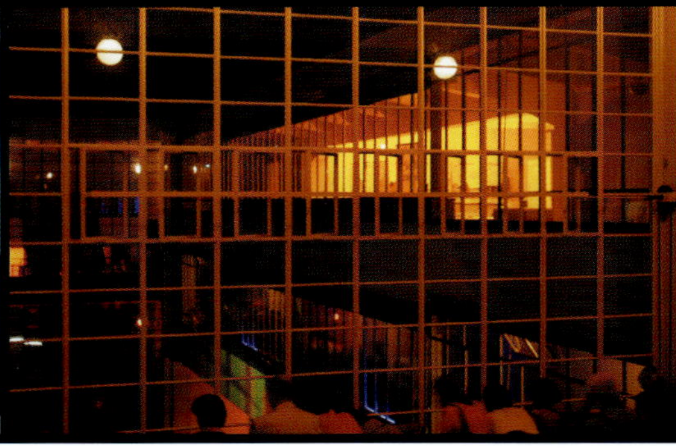

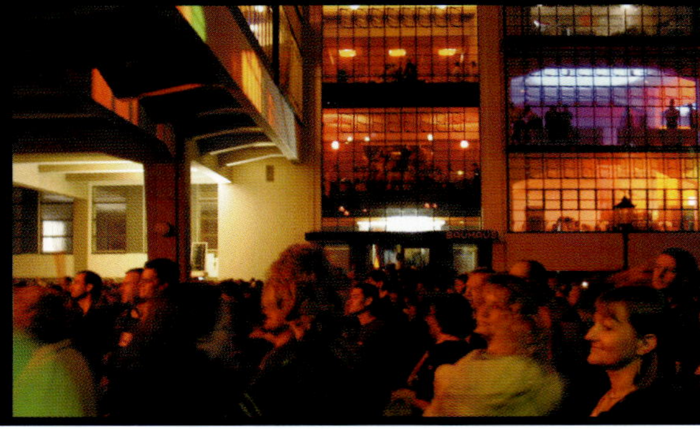

132 Das Bauhausgebäude, 2004 | 133 Bauhaus-Fest 2004

Die Bauhausbauten in Dessau sind Meilensteine der Architekturgeschichte. Doch gerade an ihrer lichterfüllten Offenheit und Klarheit scheiden sich die Geister. Kritik kam dabei nicht nur von Technokraten und Ingenieuren, sondern auch von Denkern der Moderne: Der Philosoph Ernst Bloch beklagte ein Zuviel des Lichts, auch Jahre später wiesen Lebensreformer wie Hugo Kükelhaus auf das angebliche Unterdrücken des Schattens hin. [69] 1937, zehn Jahre nach der Entstehung der Dessauer Bauhausbauten, unter geänderten politischen wie gesellschaftlichen Verhältnissen, begann Ernst Bloch die Arbeit an seinem Buch »Das Prinzip Hoffnung«. Er konstatierte die Verbindung dieser transparenten und lichten Architektur mit den gesellschaftlichen Zielen und sah dies durchaus als Befreiung: »Der begonnene Grundzug der neuen Baukunst war Offenheit: Sie brach die dunklen Steinhöhlen, sie öffnete Blickfelder durch leichte Glaswände.« [70] Ohne das Vorhandensein der dementsprechenden gesellschaftlichen Voraussetzungen war diese Offenheit für Bloch jedoch unwirksam, vor allem vor dem Hintergrund der Situation Ende der 30er Jahre im faschistischen Deutschland. »Dieser Ausgleichswille mit der äußeren Welt«, so Bloch, »war zweifelsohne verfrüht. Die Entinnerlichung wurde Hohlheit, die südliche Lust zur Außenwelt wurde, beim gegenwärtigen Anblick der kapitalistischen Außenwelt, kein Glück. Denn nichts Gutes geschieht auf der Straße, an der Sonne; die offene Tür, die riesigen geöffneten Fenster sind im Zeitalter der Faschisierung bedrohlich, das Haus mag wieder zur Festung werden, wo nicht zur Katakombe. Das breite Fenster voll lauter Außenwelt braucht ein Draußen voll anziehender Fremdlinge, nicht voll Nazis; die Glastüre bis zum Boden setzt wirklich Sonnenschein voraus, der hereinblickt und eindringt, keine Gestapo.« [71] Blochs Buch »Das Prinzip Hoffnung« erschien erst Jahre nach Beendigung des Zweiten Weltkriegs und brachte seine Kritik in das geteilte Nachkriegsdeutschland. Die gebaute Utopie mit ihrem Drang zum Licht wurde für Bloch zum Hindernis für wirkliche Utopien, zum vorschnellen Ersatz, der wirkliches Handeln verhindert: »Wo ein Lebenszuschnitt so verworfen ist wie der spätbürgerliche, kann eine bloße Baureform nur erreichen, nicht mehr verhüllt-, sondern dezidiert-seelenlos zu sein.« [72] Das Bauhaus, die Moderne wird für ihn zur unterkühlten Kehrseite des gefühligen Kitsches: »Das ist der Effekt, sobald zwischen Plüsch und Stahlsessel, zwischen Postämtern in Renaissance und Eierkisten kein Drittes mehr in die Phantasie greift. Der Effekt ist desto erkältender, als er nichts Schlupfwinkliges, sondern nur Lichtkitsch an sich hat; mag auch, wie unbestreitbar, sein Anfang noch so sauber, nämlich staubsaugerisch gemeint sein.« [73] Für Bloch ist dies inhaltsleere Abstraktion, »Architektur als Oberfläche, als ewig funktionelle; wonach sie auch in größter Durchsichtigkeit keinen Inhalt zeigt, kein Ausschlagen und keine ornamentbildende Blüte eines Inhalts. Diese Abstraktheit allerdings verbindet sich ausgezeichnet mit Glas, konnte darin seltsam gebildet werden, geschliffene Leere in Luft und Licht, neukosmisch aus Nichts.« [74] Dieser Vorwurf einer inhaltsleeren Abstraktheit, ja eines »Lichtkitschs«, den Bloch hier formulierte, übersah das Bemühen eines Walter Gropius oder eines Hannes Meyer um die weit reichende, auch gesellschaftliches Engagement beinhaltende Aktivierung der Nutzer sowie auch deren Bemühungen um eine neue, gar nicht inhaltsleere Architektursprache, bei der ein eigenes Lichtkonzept ganz wesentlich war. Aus dem Lichterglanz und den Leuchtreklamen-Kanonen der Moderne wurden im Nazireich die Lichtdome von Albert Speer, doch lässt sich die Spur der architekturbezogenen Lichtkonzepte des Bauhauses auch in Aktivierung emanzipatorischer Gehalte sehr wohl bis in die heutige Zeit verfolgen. Schon 1951, also fast zeitgleich mit der bitteren Kritik Blochs, schrieb der italienische Kunsthistoriker Giulio Argan ganz anders zu diesem Thema: »Ungeheuer viele vom Bauhaus in jenen Jahren entwickelte Typen für Raumleuchten und Tischlampen sind von der Industrie übernommen worden und sind so in den allgemeinen Gebrauch übergegangen: unsere gewohnten, im Gebrauch befindlichen Beleuchtungskörper stammen zum größten Teil von Ideen des Bauhauses ab. Zum ersten Mal wird eine Lampe nicht als ein komplizierter ornamentaler Gegenstand entworfen, der zufällig dazu dient, Licht zu spenden, sondern als sachliche Lösung eines Problems, bei dem als Faktoren die Lichtquelle und der zu erhellende Raum gegeben sind. Beide Faktoren sind ganz eindeutig gegeben, doch es wäre wahrscheinlich schwierig gewesen, sie zu individualisieren, wenn man sich nicht klargemacht hätte, dass zwischen Lichtquelle und der zu erhellenden Zone eine räumliche Beziehung besteht. Nur die typischen Formelemente der neuen Architektur mit ihren leichten und klaren Wänden, die als bewegliche Schutz- und Scheidewände in einem unendlichen Raum gedacht sind, konnten in der Tat den Wunsch nach einem diffusen, einheitlichen Licht eingeben, ohne starke Schatten, gleichsam eine Sättigung des Raumes mit Licht, und den Wänden selbst und der Decke als reflektierenden Fläche die Aufgabe der Beleuchtung zuweisen. Zwischen der Form der Lichtquelle – es ist eindeutig, dass diese Leuchten in Gestalt von Kugeln, Schalen, konzentrischen Zylindern eine ›Form des Lichts‹ darstellen wollen – und der Form des Raumes beginnt sich so eine Beziehung herzustellen, die ich nur als ›konstruktiv‹ bezeichnen kann, da sie im Endeffekt über die naturalistische Idee einer Lichtflamme oder eines Lichtstrahls hinausgeht, um zu einer absoluten Identifizierung von Licht und Raum zu gelangen.« [75]

Die beiden Zitate aus den fünfziger Jahren des vorigen Jahrhunderts deuten auf die zwei wesentlichsten Aspekte des Themas Bauhausarchitektur und Licht, die auch in den Jahrzehnten danach die Rezeption dieses Erbes bestimmten: auf den damit verbundenen gesellschaftsverändernden Anspruch und auf die ästhetischen wie technischen Innovationen. Diese Aspekte sind nicht nur für denkmalpflegerische Fragen des Umgangs mit den Bauhausbauten von Belang. Gleichzeitig gilt es, die immer noch bestehenden sehr absoluten Urteile über den Umgang der Bauhaus-Architekten mit dem natürlichen wie künstlichen

Licht zu relativieren. Gropius hat nicht nur entmaterialisierende Lichtfülle angestrebt, Hannes Meyer ist nicht nur der kühle Rechner einer sozial egalisierten, gleichmäßig beleuchteten architektonischen Welt und Ludwig Mies van der Rohe nicht nur der Schöpfer mondäner wie rationaler Innenräume ohne Geheimnis. »Alle Materie in der Natur«, so der amerikanische Architekt Louis Kahn, ist »erloschenes Licht, und diese verfallene Masse, die wir Materie nennen, wirft einen Schatten, und der Schatten gehört zum Licht«. [76] Diese für jede Architektur geltende Dialektik von Licht und Schatten kann beim Bauhaus eben nicht nur auf die »absolute Identifizierung von Licht und Raum« [77], auf den keine vermittelnde Zwischenwerte eines Zwielichts duldenden »Lichtkitsch« oder auf mit mathematischer Präzision auf strahlend weiße Wände fallende Schlagschatten, denen außer der Bedeutung, der »Gegenspieler des Lichts zu sein« [78], jede Magie ausgetrieben ist, reduziert werden. Natürlich gibt es auch die von den Leitfiguren der Moderne, von Le Corbusier und dem Bauhaus entscheidend mit forcierte Entwicklung im 20. Jahrhundert, dass mit den beschriebenen Entmaterialisierungen von Oberflächen und Konstruktionen, mit der damit verbundenen Minimierung der Wandstärken und der anderen Übergangsstellen des Lichts ins Rauminnere die Möglichkeiten der architektonischen Modulierung des Lichts reduziert wurden. So ist der Schatten in der Architektur des Bauhauses und der klassischen Moderne nicht immer nur der »exakte, kontrollierbare Begleiter des Lichts« [79], dessen Aufgabe allein darin besteht, »konstruktive Strukturen in bildhafte Muster umzudenken«. [80] Selbst ein Mann wie Julius Posener musste sich hier revidieren, als er 1992 das erste Mal das Bauhausgebäude mit eigenen Augen sah und erstaunt war »wie wenig durchsichtig es wirkt« und wie differenziert der architektonische Umgang mit dem Licht ist. [81]

Ein genauer Blick auf die überlieferten Fotografien aus der Entstehungszeit und vor allem auf die heute noch existierenden Bauten von Walter Gropius, Hannes Meyer und Ludwig Mies van der Rohe macht die große Bandbreite dieses Themas am Bauhaus deutlich. So können die Bauhausbauten in Dessau auch heute noch zu einem Lehrstück für das für die Architektur so grundlegende Thema des Lichts werden.

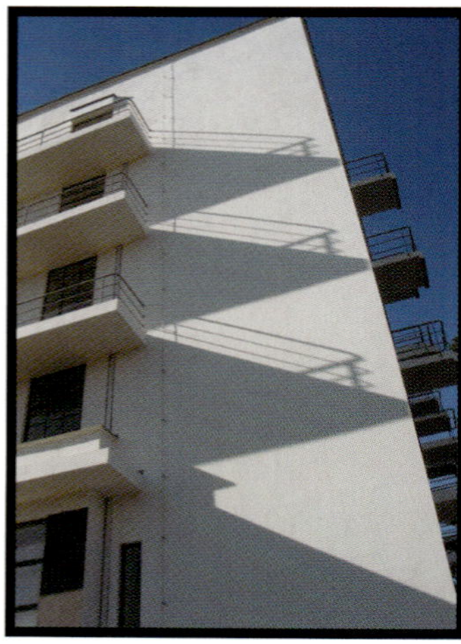

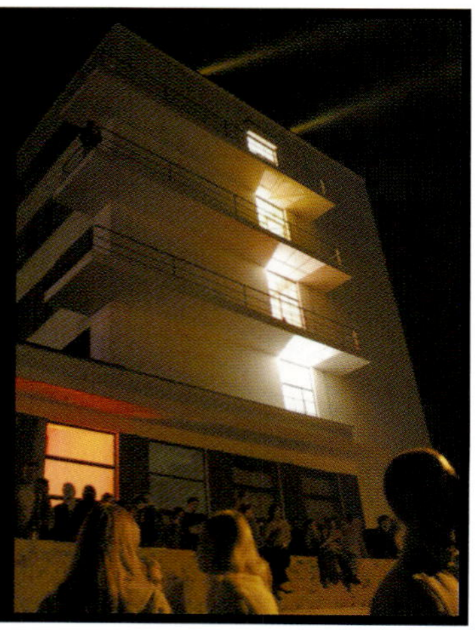

134 Bauhausgebäude, Ateliertrakt, 2002 | 135 Bauhaus-Fest 2004

	Peter Behrens
geb. 14.4.1868	in Hamburg-Borgfelde
gest. 27.2.1940	in Berlin
1886 – 1889	Studium der Malerei an der Karlsruher Kunstschule
1893	Mitbegründer der Münchner Sezession
1897	Beschäftigung mit Fragen der industriellen Formgebung
1899	wird vom Großherzog Ernst Ludwig II. von Hessen an die Darmstädter Künstlerkolonie
	berufen, baut dort 1903 sein erstes Wohnhaus
1903	Direktor der Düsseldorfer Kunstgewerbeschule
1905 – 1908	Entwurf und Bau privater Wohnhäuser, Mitbegründer des Deutschen Werkbunds
1907 – 1914	Mitglied des künstlerischen Beirats der AEG, entwirft u. a. die Turbinenhalle in
	Berlin-Moabit, Arbeiterwohnsiedlungen, gestaltet Produkte der Industriekultur wie
	Signets, Ventilatoren, Leuchten als einheitliches Design, in seinem Büro arbeiten u. a.
	Ludwig Mies van der Rohe, Walter Gropius und Le Corbusier
1911 – 1912	Gestaltung der deutschen Botschaft in St. Petersburg
1912 – 1913	Verwaltungsgebäude der Mannesmann-Röhrenwerke in Düsseldorf
1920 – 1924	Verwaltungsgebäude der Hoechst AG
1922	Leiter der Meisterklasse für Architektur an der Wiener Akademie
1923 – 1925	Wohnhaus »New Ways« in Northampton [England]
1932	Geschäftshäuser »Berolina« und »Alexander« am Alexanderplatz in Berlin
1936	Leitung des Meisterateliers an der Preußischen Akademie der Künste
1938	Planung der neuen Firmenzentrale der AEG in Berlin

	Marianne Brandt
geb. 6.10.1893	in Chemnitz
gest. 18.6.1983	in Kirchberg
bis 1918	Besuch einer Zeichenschule und der Hochschule für Bildende Kunst
1923	Studium an der Staatlichen Hochschule für Bildende Kunst in Weimar
1924	Studium am Bauhaus Weimar [Metallwerkstatt]
1925 – 1926	Studium am Bauhaus Dessau [Metallwerkstatt], Entwurf von Beleuchtungskörpern
	für das Bauhausgebäude
1926 – 1927	Aufenthalt in Paris
1928 – 1929	stellvertretende Leiterin der Metallwerkstatt, Zusammenarbeit mit den Firmen Körting

	& Mathiesen AG [Kandem] in Leipzig und Schwintzer & Gräff in Berlin
1929	Rücktritt von der Leitung der Metallwerkstatt, Bauhausdiplom Nr. 2, Mitarbeiterin im
	Architekturbüro von Walter Gropius in Berlin
1929 – 1932	Leiterin der Entwurfsabteilung der Metallwarenfabrik Ruppelwerke in Gotha
1933	Rückkehr nach Chemnitz, arbeitslos, Rückzug ins Familiäre, bildkünstlerische Arbeiten
1949	Dozentin für freie und angewandte Kunst an der Staatlichen Hochschule für Bildende
	Künste in Dresden, Abt. Holz, Keramik, Metall
1950 – 1952	Entwerferin für industrielle Gestaltung an der Hochschule für angewandte Kunst Berlin-
	Weißensee, Institut für industrielle Gestaltung [ab 1952 Institut für angewandte Kunst]
1953 – 1954	Betreuung der Ausstellung »Deutsche Angewandte Kunst« in Peking und Shanghai
ab 1954	Arbeit in Berlin und in Chemnitz, Rückzug in kunstgewerbliche Arbeit und Malerei

	Hin Bredendieck
geb. 9.6.1904	in Aurich [Ostfriesland]
gest. 1.9.1995	in Atlanta [USA]
1918 – 1922	Tischlerlehre in Aurich, Gesellenbrief
1923	Arbeit in einer Möbelfabrik in Leer
1924	Studium an der Kunstgewerbeschule in Stuttgart
1925	Studium an der Kunstgewerbeschule in Hamburg
1927 – 1929	Studium am Bauhaus Dessau [Metall- und Tischlereiwerkstatt]
1929	Mitarbeiter der Metallwerkstatt des Bauhaus Dessau,
	Zusammenarbeit mit Marianne Brandt
1930	Bauhaus-Diplom Nr. 11
1930 – 1931	Mitarbeiter in den Büros von László Moholy-Nagy und Herbert Bayer in Berlin
1932 – 1933	Entwürfe für die Schweizer Firma Bronzewarenfabrik AG, Entwürfe von
	Beleuchtungskörpern mit Sigfried Giedion
ab 1933	u. a. Beleuchtungseinrichtung für das Corso-Theater in Zürich
1937	Emigration in die USA, Lehrtätigkeit am New Bauhaus unter Leitung
	von László Moholy-Nagy
ab 1939	selbstständiger Designer in Chicago, entwirft u. a. Möbel und Spielzeug
1945 – 1951	Lehrauftrag am Product Design Workshop des Institute of Design in Chicago
1949 – 1954	gemeinsame Firma mit Nathan Lerner
ab 1952	Leiter des Department of Industrial Design am Institute of Technology in Atlanta

	Mitglied u. a. der American Society of Industrial Design und des
	Bauhaus-Archivs e.V. [Berlin]

	Marcel Breuer
geb. 21.5.1902	in Pécs [Ungarn]
gest. 1.7.1981	in New York
1920	Abitur, Studium an der Akademie der bildenden Künste in Wien
1920 – 1925	Studium am Bauhaus Weimar [Tischlerei], Beschäftigung mit Malerei und Grafik
1922 – 1923	Entwurf der Möbel für das Musterhaus »Am Horn«, erste Architekturentwürfe
1924	kurzzeitige Tätigkeit in einem Architekturbüro in Paris
1924 – 1928	Jungmeister und Leiter der Möbelwerkstatt am Bauhaus Dessau, Entwurf der ersten
	Stahlrohrmöbel für das Bauhausgebäude und die Meisterhäuser
1926	Heirat mit der Bauhäuslerin Martha Erps
1928 – 1931	Architekturbüro mit Gustav Hassenpflug in Berlin, Zusammenarbeit mit Walter Gropius
1931 – 1935	Reisen durch Spanien, Nordafrika, Griechenland, Schweiz, Italien und die Balkanländer,
	Entwurf und Bau des Hauses Harnischmacher in Wiesbaden
1933	Architekturbüro mit Farkas Molnár und Jozsef Fischer in Budapest, Zusammen-
	arbeit mit Alfred und Emil Roth [Appartment-Häuser Doltertal Zürich]
1935	Emigration nach England, Zusammenarbeit mit F.R.S. Yorke in London
1937	Übersiedlung in die USA durch Vermittlung von Walter Gropius
1937 – 1941	Partner von Walter Gropius in einem Architekturbüro in Cambridge [Massachusetts]
	und bis 1946 Professor für Architektur an der Harvard University
1941	Trennung von Walter Gropius
1946	Verlegung seines Büros nach New York
1947	zahlreiche Bauten, u. a Whitney Museum in New York,
	Beteiligung am UNESCO-Gebäude in Paris
1956	Gründung des Büros Marcel Breuer and Associates, Architects sowie
	Eröffnung eines Büros in Paris

	Lyonel Feininger
geb. 17.7.1871	in New York
gest. 3.1.1956	in New York
1887 – 1891	Zeichenunterricht in Hamburg, Malerei in Berlin

1890 – 1914	Karikaturen für verschiedene Satire-Zeitschriften
1891	Studium in Berlin
1892	Studium der Bildhauerei in Paris
1901	Heirat mit der Konzertpianistin Clara Fürst
1905	Freundschaft mit der Weimarer Künstlerin Julia Berg, Trennung von seiner Frau Clara
1907	erstes Gemälde
1908	Heirat mit Julia Berg, Wohnsitz in Berlin
1911	Aufenthalte in Weimar und Paris
1918	Mitglied der »Berliner Novembergruppe« und des »Arbeitsrates für Kunst«
1919	Bauhaus Weimar, Formmeister der Druckerei
1924	Ausstellungen als »Die Blaue Vier« mit Jawlensky, Klee und Kandinsky
1926	Übersiedlung nach Dessau, auf eigenen Wunsch Meister ohne Lehrverpflichtung
	am Bauhaus
1937	endgültige Emigration in die USA, Wohnsitz in New York, zahlreiche Ausstellungen
	und Ehrungen

	Carl Fieger
geb. 15.6.1893	in Mainz
gest. 21.11.1960	in Dessau
vor 1911	Studium an der Kunst- und Gewerbeschule Mainz [Hochbau und Innenarchitektur]
1911	Innenarchitekt im Atelier von Peter Behrens in Potsdam-Neubabelsberg
1912	Innenausbau der deutschen Botschaft, St. Petersburg
ab 1914	offizieller Mitarbeiter des Architekturbüros von Walter Gropius
1915 – 1918	Militärdienst, wird schwer verwundet
1919	Mitarbeiter im Bauatelier von Peter Behrens
ab 1921	nebenamtlicher Dozent für Architekturzeichnen am Bauhaus Weimar
1921 – 1934	Mitarbeiter im Baubüro von Walter Gropius in Weimar, Dessau und Berlin
ab 1926	auch selbstständiger Architekt
1926 – 1927	eigenes Wohnhaus in Dessau
1927 – 1930	Dozent in der Baulehre [Architekturzeichnen] am Bauhaus in Dessau
1929 – 1930	Restaurant Kornhaus in Dessau an der Elbe
1934	Berufsverbot, anonyme Arbeit in Berlin
1945	Rückkehr nach Dessau, beteiligt am Wiederbelebungsversuch des Bauhauses,

	verschiedene Ämter bei der Stadt Dessau
ab 1946	Beteiligung an der Wiederaufbauplanung von Dessau
1952	Richard Paulick holt Fieger an die Deutsche Bauakademie in Berlin
1953	Schlaganfall, nach dem er seinen Beruf aufgeben muss
	lebt bis zu seinem Tode in Dessau

	Naum Gabo
geb. 5.8.1890	in Brjansk [Russland]
gest. 23.12.1977	in Waterbury [USA]
1910	Studium der Medizin, Universität München
1912	Ingenieur-Studium, Technische Universität München, besucht
	kunsthistorische Vorlesungen von Heinrich Wölfflin, erste künstlerische Arbeiten
1914 – 1917	Norwegen, wird zu einem der Begründer der konstruktivistischen Plastik
1917 – 1922	Russland, verfasst u. a. »Realistisches Manifest«
1922 – 1932	Berlin, Kontakte u. a. zum Bauhaus, zeitweise arbeiten Absolventen des Bauhauses
	in seiner Werkstatt
1932 – 1935	Paris, Mitbegründer der Gruppe Abstraction-Création
1935 – 1946	England
ab 1946	USA, u. a. zeitweise Professor an Harvard-University in Cambridge [Massachusetts]

	Johannes Itten
geb. 11.11.1888	in Südern-Linden [Schweiz]
gest. 25.3.1967	in Zürich
1904 – 1908	Lehrerseminar, Bern
1909	Studium an der École des Beaux-Arts, Genf
1910 – 1912	Ausbildung zum Sekundarlehrer, künstlerische Tätigkeit
1916	Ausstellung im »Sturm« in Berlin
1917	eigene Kunstschule in Wien
1919 – 1923	Lehrer am Bauhaus, u. a. Leiter des Vorkurses und mehrerer Werkstätten
1923	Mazdaznan-Tempel-Gemeinschaft, Schweiz, Lehrer an Kunstschule
1926	gründet eigene »Moderne Kunstschule« in Berlin
1929	Fertigstellung des Neubaus der Itten-Schule
ab 1932	Leiter der »Textilen Flächenkunstschule« in Krefeld

1938	Direktor der Kunstgewerbeschule und des Kunstgewerbemuseums in Zürich
1949 – 1956	Aufbau und Leitung des »Museums Rietberg für außereuropäische Kunst«

	Walter Gropius
geb. 18.5.1883	in Berlin
gest. 5.7.1969	in Boston [Massachusetts]
1903, 1905 – 1907	Architekturstudium an den Technischen Hochschulen München und Berlin
1908 – 1910	Mitarbeiter im Atelier von Peter Behrens in Berlin
1910 – 1925	Zusammenarbeit mit Adolf Meyer
1911	Mitglied im Deutschen Werkbund, Fagus-Werk in Alfeld [Leine]
1914	Bürobau und Maschinenhalle auf der Werkbund-Ausstellung in Köln [mit Adolf Meyer]
1914 – 1918	Kriegsdienst an der Westfront
1919	gründet in Weimar das Bauhaus, erster Direktor
1922	Wettbewerbsentwurf für »Chicago Tribune« [mit Adolf Meyer]
1923	Heirat mit Ilse [»Ise«] Frank
1927	Beteiligung an der Werkbund-Siedlung in Stuttgart [Weißenhof]
1928	Rücktritt als Bauhausdirektor, Reise in die USA
ab 1928	zahlreiche Projekte, u. a. »Totaltheater« für Erwin Piscator, Vizepräsident der CIAM
1933	Teilnahme am 4. CIAM-Kongreß »Die funktionelle Stadt« [Charta von Athen]
1934 – 1937	gemeinsames Büro mit Maxwell Fry in London, 1936 Haus Levy [mit M. Fry]
1937	Berufung zum Professor an die Graduate School of Design, Harvard University
1938	Organisation der Ausstellung »Bauhaus 1919 – 1928« in New York
1938 – 1941	gemeinsames Büro mit Marcel Breuer
1941	Zusammenarbeit mit Konrad Wachsmann
1946	Architekturbüro »The Architects Collaborative« [TAC] in Cambridge [Massachusetts]
1952	emeritiert
1957	Beteiligung an der Interbau in West-Berlin [Hansa-Viertel]
	zahlreiche Ehrenmitgliedschaften und Ehrendoktortitel

	Wassily Kandinsky
geb. 4.12.1866	in Moskau
gest. 13.12.1944	in Neuilly-sur-Seine [Paris]
1885	Studium Jura und Volkswirtschaft, Moskau

1896	Übersiedlung nach München, Studium der Malerei
1901	Mitbegründer der Künstlervereinigung »Phalanx«, Begegnung mit Gabriele Münter
1906	Aufenthalt Paris
1907	Aufenthalt Berlin
1908	Aufenthalt München
1911	erste abstrakte Kompositionen, Publikation »Über das Geistige in der Kunst«,
	Gründung des »Blauen Reiter« mit Franz Marc
1914	Rückkehr nach Russland
1916	Abschied von Gabriele Münter
1917	Heirat mit Nina Andrejevskaja
1919 – 1921	u. a. Unterricht an den VCHUTEMAS [Höhere Künstlerisch-Technische Werkstätten]
1921	Ausreise nach Berlin
1922 – 1932	Bauhausmeister in Weimar und Dessau [Leiter Wandmalerei, Analytisches Zeichnen,
	Abstrakte Formelemente]
1925	Umzug mit dem Bauhaus nach Dessau
1927	freie Malklasse, deutsche Staatsbürgerschaft
1933	Wohnsitz in Neuilly-sur-Seine bei Paris

	Paul Klee
geb. 18.12.1879	in Münchenbuchsee [Schweiz]
gest. 29.6.1940	in Muralto [Tessin]
1899	Studium an der Kunstakademie München
1901	Studienaufenthalt in Italien
1901 – 1906	Maler in Bern
1906	Wohnsitz in München
1911	Mitglied des »Blauen Reiters«
1912	Studienreise nach Paris
1914	Studienreise mit August Macke nach Tunis und Kaiouran
1916 – 1918	Kriegsdienst
1921 – 1931	Meister am Bauhaus in Weimar und Dessau [Buchbinderei, Gestaltungslehre]
ab 1927	freie Malklassen
1931 – 1933	Lehre an der Kunstakademie in Düsseldorf
1933	Emigration nach Bern

	Max Krajewsky
geb. 21.9.1901	in Schdlowiec [Russland]
gest. 1971	in Moskau
	absolviert Lehre als Metalldreher
	Hotelbote in Bochum, Betonierer, Bergmann
ab 1921	künstlerische Tätigkeit, Besuch der Abendschule [Gymnasium] der Volkshochschule
	Bochum
1923	Bauhaus Weimar [Metallwerkstatt]
1924	Geselle in der Metallwerkstatt
1925 – 1927	Bauhaus Dessau [Metallwerkstatt, Bauabteilung]
ab 1926	Mitarbeiter im Baubüro Gropius,
	Entwurf und Herstellung von Beleuchtungskörpern im Bauhausgebäude
1931	Architekt in Moskau

	Adolf Meyer
geb. 17.6.1881	in Mechernich [Eifel]
gest. 24.6.1929	auf Insel Baltrum [Nordsee]
1898 – 1901	Tischlerlehre, Tischlergeselle u. a. in Köln, Krefeld, Düsseldorf
1901 – 1903	Militärdienst beim Gardepionier-Eisenbahnregiment in Berlin
1903 – 1904	Studium an der Kunstgewerbeschule in Köln [Möbelzeichner]
1904 – 1907	Studium an der Kunstgewerbeschule Düsseldorf, u. a. Architektur bei J.L.M. Lauweriks
1907 – 1908	Mitarbeiter im Büro von Peter Behrens
1909	Mitarbeiter im Büro von Bruno Paul
1910 – 1914	Zusammenarbeit mit Walter Gropius, u. a. Fagus-Werk in Alfeld [Leine]
1915 – 1918	Kriegsdienst
1919 – 1925	Zusammenarbeit mit Walter Gropius in Berlin und Weimar, viele gemeinsame Bauten,
	u. a. Haus Auerbach in Jena [1924], Lehrtätigkeit am Bauhaus Weimar
	[u. a. Werkzeichnen], bemüht sich um Etablierung der Baulehre
1925 – 1926	freier Architekt in Weimar
1926 – 1929	Architekt in Frankfurt [Main], beteiligt an Siedlungs- u. a. Projekten des Neuen Frankfurt
1926	Leiter der Architekturklasse an Kunstschule in Frankfurt [Main], Entwurf von Leuchten
	für verschiedene Firmen [u. a. Zeiss Ikon, Berlin]

	Hannes Meyer
geb. 18.11.1889	in Basel
gest. 19.7.1954	in Crocifisso di Savosa [Lugano]
1904 – 1912	Kunstgewerbeschule in Basel, Mitarbeiter in Architekturbüros
ab 1909	in Berlin
1909	Besuch von Kursen über Städtebau in Berlin
1912 – 1913	Studienaufenthalt in England
1916	Architekt in Büros in München und [ab 1918] bei der Krupp A.G. in Essen
1919	Architekt in Basel, Bau der Siedlung Fre dorf bei Basel
1926 – 1927	Architekturbüro mit Hans Wittwer, Entwürfe für die Petersschule in Basel [1926]
	und das Völkerbundgebäude in Genf [1926|1927]
1927 – 1928	Leiter der Architekturabteilung des Bauhauses Dessau
1928 – 1930	Direktor des Bauhauses
1928 – 1930	Bau der Bundesschule des Allgemeinen Deutschen Gewerkschaftsbundes [ADGB]
	mit Hans Wittwer in Bernau bei Berlin
1930 – 1936	Planer und Lehrtätigkeit in der Sowjetunion
1936 – 1939	Rückkehr in die Schweiz, Bau des Kinderheimes Mümliswil
1939 – 1949	Mexiko-Aufenthalt: Architekt und Stadtplaner in verschiedenen Institutionen
1949	Rückkehr in die Schweiz

	Ludwig Mies van der Rohe
geb. 27.3.1886	in Aachen
gest. 17.8.1969	in Chicago
1904 – 1907	Studium an Kunstgewerbeschule in Aachen, Tätigkeit bei Bruno Paul
1908 – 1911	Mitarbeiter im Büro von Peter Behrens in Berlin
ab 1912	freier Architekt
1921 – 1924	Hochhaus-, Büro- und Villenentwürfe, Bekanntschaft mit Lilli Reich
1927	Leitung der Werkbund-Ausstellung »Die Wohnung« in Stuttgart-Weißenhof
1929	Pavillon des Deutschen Reiches auf Weltausstellung Barcelona
1930 – 1933	dritter Bauhausdirektor, nach Vertreibung des Bauhauses aus Dessau,
	Weiterführung des Bauhauses als ein privates Institut in Berlin
1937	Emigration nach Chicago
1938 – 1957	Direktor der Architekturabteilung am »Armour Institute«,

	später »Illinois Institute of Technology« in Chicago
1948 – 1951	Apartmenthäuser am Lake Shore Drive
1957	Seagram-Hochhaus in New York [mit Philip Johnson]
1962 – 1968	Neue Nationalgalerie in Berlin

	László Moholy-Nagy
geb. 20.7.1895	in Bácsborsód [Ungarn]
gest. 24.11.1946	in Chicago
1913	Jurastudium in Budapest
1914 – 1917	Kriegsdienst
1917	Studium in Szeged und Budapest, Kontakte zur Avantgarde-Gruppe »MA«
1919	Emigration nach Wien
1920	Übersiedlung nach Berlin
1921	Heirat mit Lucia Schultz, Adolf Behne vermittelt Bekanntschaft mit Walter Gropius
1923 – 1928	Bauhausmeister [Vorkurs, Metallwerkstatt], kunsttheoretische Schriften
1924	Entwürfe für Architektur- und Wandgestaltung, Typografie, Film
1928	Weggang vom Bauhaus, eigenes Atelier für Typografie, Ausstellungsgestaltung,
	Bühnenbild in Berlin
1930	Präsentation des »Licht-Raum-Modulators« in Paris, Trennung von Lucia Moholy
1934	Emigration nach Amsterdam
1935	Emigration nach London
1937	Übersiedlung in die USA, Leitung des »New Bauhaus – American School of Design«
1938	Schließung der Schule aus finanziellen Gründen
1939	Gründung des Nachfolgeinstituts »School of Design« in Chicago, 1944 zum
	»Institute of Design« umstrukturiert

	Lucia Moholy
geb. 18.1.1894	in Karolinenthal bei Prag [geborene Schulz]
gest. 17.5.1989	in Zollikon
1912 – 1915	Studium Deutsch und Englisch, Kunstgeschichte, Philosophie in Prag
1915 – 1918	Redakteurin und Lektorin bei mehreren Verlagen
1920	Begegnung mit László Moholy-Nagy in Berlin, Redakteurin Rowohlt Verlag, Berlin
1921	Heirat mit László Moholy-Nagy

1922 – 1923	Fotografie, Mitarbeit an Schriften von László Moholy-Nagy
1923 – 1924	Lehre im Weimarer Fotografenatelier Eckner
1925 – 1926	Studium an Akademie für graphische Künste und Buchgewerbe in Leipzig
1926 – 1928	Fotografin in Dessau
1928 – 1930	Studio in Berlin, Trennung von László Moholy-Nagy,
	Lehrerin [Fotografie] an der Itten-Schule
1933	Emigration nach London
1934 – 1935	Porträtfotografin und Autorin in London, Vortragstätigkeit
1946	Film- und Fotoarbeit für die UNESCO [in den Ländern des Nahen und
	Mittleren Ostens]
1952 – 1953	Leitung des Aufbaus kulturhistorischer Archive in Istanbul und Ankara
1959	Übersiedlung nach Zolikon [Zürich]

	Georg Muche
geb. 8.5.1895	in Querfurt
gest. 26.3.1987	in Lindau [Bodensee]
1915	Maler in Berlin
1916	Lehrer an der Kunstschule »Der Sturm«
1918	Kriegsdienst
1919 – 1927	Bauhausmeister in Weimar und Dessau [Vorkurs, Weberei]
1923	Entwurf Haus am Horn in Weimar [mit Adolf Meyer, Büro Gropius]
1927 – 1930	Lehrer an der Itten-Schule in Berlin
1931 – 1933	Professor für Malerei in Breslau
1933 – 1938	Lehrauftrag an der Schule »Kunst und Werk« in Berlin, Freskomalerei
1939 – 1958	Leiter der Meisterklasse für Textilkunst in Krefeld
1960	Übersiedlung nach Lindau [Bodensee]

	Gyula Pap
geb. 10.11.1899	in Orosháza [Ungarn]
gest. 24.9.1983	in Budapest
1914	Besuch der Grafischen Versuchsanstalt in Wien
1917	Kriegsdienst
1918	Studium an der Kunstgewerbeschule in Budapest

1919	Emigration nach Wien, dann Berlin
1920 – 1923	Studium am Bauhaus Weimar [Metallwerkstatt]
1924 – 1927	Lithograf und Fotograf in Ungarn
1928 – 1933	Lehrer an der Itten-Schule in Berlin
1934	Rückkehr nach Budapest
1937 – 1940	Designer in einer Textilfabrik
1949 – 1962	Professor an der Hochschule für Bildende Kunst in Budapest

	Richard Paulick
geb. 7.11.1903	in Roßlau [Elbe]
gest. 4.3.1979	in Berlin [Ost]
1923 – 1924	Studium der Architektur in Dresden [u. a. bei Martin Dülfer]
1925	nach eigenen Angaben freier Mitarbeiter am Bauhaus Dessau
1925 – 1927	Studium der Architektur in Berlin bei Hans Poelzig
1926 – 1927	Experimental-Stahlhaus mit Georg Muche
1927 – 1930	Mitarbeiter im Büro Walter Gropius, Leiter des Dessauer Büros
1933 – 1949	Emigration nach Shanghai, dort u. a. Büro Modern Homes
1942	Professor an der amerikanischen St. John´s University in Shanghai
1945	Direktor am Stadtplanungsamt Shanghai, anschließend auch Mitarbeit
	in Hochbau-Abteilung der Shanghai-Nanking-Eisenbahn
1950	Rückkehr nach Deutschland, Abteilungsleiter im Institut für Bauwesen in Berlin,
	Sporthalle in Berlin
ab 1951	Leiter der Meisterwerkstatt III der Deutschen Bauakademie [DBA], federführend
	beteiligt am Projekt Stalinallee [später Karl-Marx-Allee],
	Architekt der Bauten des Abschnitts C
1951 – 1954	Wiederaufbau der Deutschen Staatsoper in Berlin
1952 – 1954	Direktor des Forschungsinstituts für Wohnungsbau der DBA
1955 – 1965	Vizepräsident der Deutschen Bauakademie der DDR
1957 – 1959	Chefarchitekt von Hoyerswerda-Neustadt
ab 1961	viele Großprojekte, u. a. Chefarchitekt [ab 1963] für Halle-Neustadt

	Hans Przyrembel
geb. 3.10.1900	
gest. 1945	
1915	Schlosserlehre in Halle [Saale]
1918	Kriegsdienst
1924 – 1928	Studium am Bauhaus in Weimar und Dessau [Metallwerkstatt],
	Zusammenarbeit mit Marianne Brandt [Leuchten]
1928	Gesellenprüfung als Silberschmied, Zusammenarbeit mit W. Tümpel in Halle [Saale]
1929	eigene Werkstatt [u. a. für Beleuchtungskörper] in Leipzig
1932	Meisterprüfung als Gold- und Silberschmied
1939 – 1945	Kriegsdienst

	Hinnerk Scheper
geb. 6.9.1897	in Wulfen [Osnabrück]
gest. 5.2.1957	in Berlin [West]
	handwerkliche Ausbildung und Gesellenprüfung als Maler
1918 – 1919	Studium der Kunst in Düsseldorf und Bremen
1919 – 1922	Studium am Bauhaus Weimar [Wandmalerei]
1922	Meisterprüfung als Maler vor der Handwerkskammer Weimar
1922 – 1925	freiberuflicher Maler und Farbgestalter
1925 – 1933	Bauhausmeister in Dessau [Leiter der Werkstatt für Wandmalerei]
	Farbgestaltung des Bauhausgebäudes, Restaurierungsarbeiten
1929 – 1931	Berufung nach Moskau, Aufbau eines Büros für die Verwendung von Farbe
	in der Architektur, Fotoserien und Reportagen über die Sowjetunion
1932	Rückkehr nach Deutschland
ab 1934	freie künstlerische Tätigkeit in Berlin
1942 – 1945	Militärdienst
ab 1945	Konservator von Berlin und Leiter des Amtes für Denkmalpflege
1952	Lehrauftrag für Denkmalpflege an der TU Berlin
1953	Landeskonservator von Berlin [West]

	Oskar Schlemmer
geb. 4.9.1888	in Stuttgart
gest. 13.4.1943	in Baden-Baden
1903 – 1905	Lehre als kunstgewerblicher Zeichner, Stuttgart
1906 – 1910	Studium an der Kunstgewerbeschule, dann an der Akademie der bildenden Künste,
	Stuttgart
1911 – 1912	freier Maler in Berlin
1914 – 1918	Kriegsdienst
1918 – 1920	Meisterschüler von Adolf Hölzel an der Stuttgarter Akademie
1920	Übersiedlung nach Cannstatt, Figurinen für das »Triadische Ballett«, Ausstellungen,
	Heirat mit Helena Tutein
1920 – 1929	Bauhausmeister in Weimar und Dessau [Wandmalerei, Aktzeichnen und Bildhauerei,
	Bühne], zahlreiche Aufträge für Bühnenbilder und -ausstattungen für deutsche Bühnen,
	Ballettinszenierungen
1929 – 1932	Professur an der Staatlichen Akademie für Kunst und Kunstgewerbe in Breslau
1932	Professur an den Vereinigten Staatsschulen für Kunst und Kunstgewerbe in Berlin
1933 – 1934	fristlose Kündigung, Aufenthalt in der Schweiz
1934	Übersiedlung nach Eichberg bei Stein am Rhein
1938	Bemalungen für ein Stuttgarter Malergeschäft
1939 – 1940	Tarnanstriche für Kasernen, u. a. Wandbildaufträge
1940	Einrichtung eines Labors für lacktechnische Versuche in Wuppertal
1941 – 1942	Mitarbeit an maltechnischen Publikationen

	Wilhelm Wagenfeld
geb. 15.4.1900	in Bremen
gest. 28.5.1990	in Stuttgart
1914 – 1918	Lehre in einem Zeichenbüro in Bremen
1919 – 1922	Studium an der Zeichenakademie in Hanau
1923 – 1925	Studium am Bauhaus Weimar [Metallwerkstatt]
ab 1925	Gestalter für die Industrie, u. a. Jenaer Glaswerk Schott & Gen.
1928 – 1929	Lehrer an der Staatlichen Bauhochschule in Weimar
1931 – 1934	freiberuflicher Mitarbeiter bei dem Jenaer Glaswerk Schott & Gen.
1935 – 1947	künstlerischer Leiter der Vereinigten Lausitzer Glaswerke, Weißwasser [Oberlausitz]

1938	Porzellanentwürfe für Rosenthal-Porzellan AG, Selb
1947	Professor an Hochschule für Bildende Künste, Berlin
1950	Umzug nach Stuttgart, Arbeit für die Württembergische Metallwarenfabrik [WMF],
	Entwürfe für weitere Firmen
1954 – 1978	eigene Werkstatt in Stuttgart

	Hans Wittwer
geb. 4.2.1894	in Basel
gest. 19.3.1952	in Basel
1912 – 1916	Architekturstudium an der Eidgenössischen Technischen Hochschule Zürich bei
	Friedrich Bluntschli und Karl Moser
1919	Mitarbeiter im Architekturbüro von Karl Moser in Zürich
bis 1924	Architekt in Basel
1924 – 1925	Studium der Stadtbaugeschichte an der Universität London
1925	Mitglied der ABC-Gruppe, eigenes Büro in Basel
1926 – 1927	gemeinsames Büro mit Hannes Meyer
1927 – 1928	Dozent am Bauhaus Dessau [Installationslehre, technisches Entwerfen]
1928 – 1929	Dozent am Bauhaus Dessau [Baulehre]
1929 – 1933	Leiter der Architekturklasse und künstlerischer Leiter des Ateliers für Innenausbau
	an der Burg Giebichenstein in Halle [Saale], Architekt der Flughafengesellschaft
	Halle-Leipzig
bis 1934	selbstständiger Architekt in Halle [Saale]
1934	Rückkehr nach Basel, arbeitet aus existenziellen Gründen im dortigen elterlichen
	Betrieb, gibt Architektenberuf auf

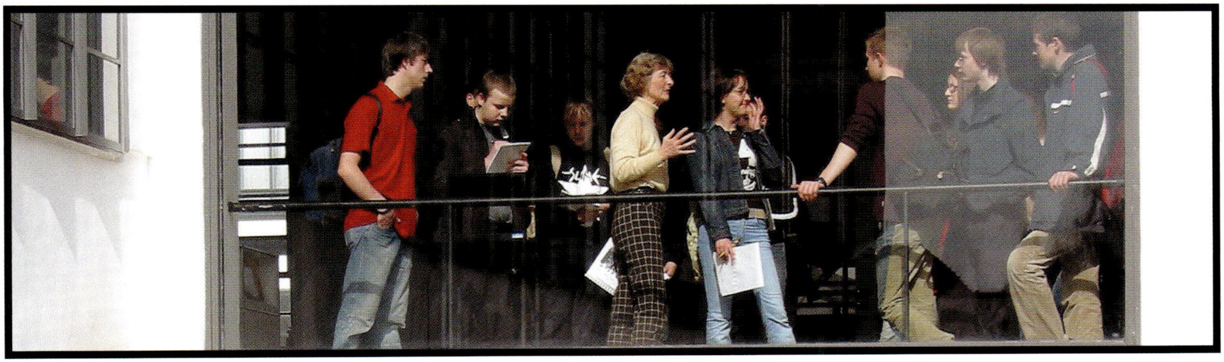

136 Öffentliche Führung im Foyer des Bauhausgebäudes, 2004

7. Anmerkungen

[1]	Nelly Schwalacher, Das neue Bauhaus, in: Frankfurter Zeitung, Frankfurt [Main], 31.10.1927
[2]	Walter Gropius, Bauhausbauten Dessau, München 1930, Reprint Mainz 1974, S. 92
[3]	Le Corbusier, Ausblick auf eine Architektur, 4. Auflage, Basel|Berlin|Boston 1995 [Übersetzung der französischen Ausgabe: Vers une architecture, Paris 1922], S. 45
[4]	Konrad Wünsche, Bauhaus: Versuche, das Leben zu ordnen, Berlin 1989, S. 110
[5]	Johann Wolfgang Goethe, Farbenlehre, in: Sämtliche Werke, Stuttgart o. J., S. 18
[6]	Johann Wolfgang Goethe, zit. nach Anm. 4, S. 110
[7]	Rolf Bothe, Der Turm des Feuers, in: Rolf Bothe|Peter Hahn|Hans C. von Tavel [Hg.], Das frühe Bauhaus und Johannes Itten, Ostfildern 1994, S. 80 – 81
[8]	Walter Gropius, Idee und Aufbau des Staatlichen Bauhauses, Weimar 1923, zit. nach: Hartmut Probst|Christian Schädlich, Walter Gropius, 3 Bde., Bd. 3, Ausgewählte Schriften, Berlin 1985 – 1987, S. 90
[9]	Wulf Herzogenrath [Hg.], Bauhausutopien, Arbeiten auf Papier, Köln 1988, S. 18 – 27
[10]	Walter Gropius, Glasbau, in: Die Bauzeitung, Stuttgart 1926, zit. nach: Hartmut Probst|Christian Schädlich, Walter Gropius, 3 Bde., Bd. 3, Ausgewählte Schriften, Berlin 1985 – 1987
[11]	Alois Riegl, Stilfragen, Grundlegungen zu einer Geschichte der Ornamentik, Berlin 1893. Vgl.: Annemarie Jaeggi, Adolf Meyer. Der zweite Mann. Ein Architekt im Schatten von Walter Gropius, Berlin 1994, S. 73
[12]	Rolf Sachsse, Bild und Bau. Zur Nutzung technischer Medien beim Entwurf von Architektur, Braunschweig|Wiesbaden 1997, S. 138
[13]	Stein Holz Eisen, Zeitschrift, Jahresband 1926, 36. Woche
[14]	Ebd.
[15]	Ebd.
[16]	Walter Gropius, s. Anm. 2, S. 9
[17]	László Moholy-Nagy, Malerei, Fotografie, Film, München 1925, Reprint Mainz 1972, S. 10
[18]	László Moholy-Nagy, Von Material zu Architektur, München 1929, Reprint Mainz 1968, S. 211
[19]	S. Anm. 6
[20]	Walter Gropius, s. Anm. 2, S. 135
[21]	Dorothee Huber [Hg.], Sigfried Giedion, Befreites Wohnen, Frankfurt [Main] 1985, S. 6
[22]	Walter Gropius, s. Anm. 8
[23]	Sigfried Giedion, Raum, Zeit, Architektur, Die Entstehung einer neuen Tradition, Basel 1976 [Übersetzung der amerikanischen Ausgabe: Time, Space, Architecture, The Growth of a New Tradition, Cambridge 1941], S. 314 – 315
[24]	Winfried Nerdinger, ›Anstößiges Rot‹, Hannes Meyer und der linke Baufunktionalismus – ein verdrängtes Kapitel Architekturgeschichte, in: Bauhaus-Archiv Berlin und Deutsches Architekturmuseum Frankfurt [Main] [Hg.], Hannes Meyer 1889 – 1954. Architekt, Urbanist, Lehrer, Berlin 1989, S. 12 – 29
[25]	Stiftung Bauhaus Dessau, Schriftenarchiv, Unterrichtsmitschriften von Arieh Sharon u. a. Studierenden aus der Baulehre zu Beleuchtungsfragen, Inv.-Nr. I 16819 D, I 16822 L, I 16818 G, I 16821 D, I 16825 D, I 16820 D, I 16815 D
[26]	Hannes Meyer, Bauen und Gesellschaft, Schriften, Briefe, Projekte, Dresden 1980, S. 64
[27]	Hannes Meyer, Vortragsmanuskript, Wien|Basel 1929, in: Hannes Meyer, Bauen und Gesellschaft. Schriften, Briefe, Projekte, Dresden 1980, S. 59
[28]	Hannes Meyer, Erläuterungen zum Schulprojekt, 1928, in: Brandenburgisches Landesamt für Denkmalpflege [Hg.], Die Bundesschule des ADGB in Bernau bei Berlin 1930 – 1983, Potsdam 1993, S. 24

7. Anmerkungen

[29]	Klaus-Jürgen Winkler, Über den Wert eines Baudenkmals: Die ehemalige Bundesschule des ADGB in Bernau, in: Brandenburgisches Landesamt für Denkmalpflege [Hg.], Die Bundesschule des ADGB in Bernau bei Berlin 1930 – 1983, Potsdam 1993, S. 14
[30]	Hannes Meyer, zit. nach Anm. 29
[31]	S. Anm. 28, S. 36
[32]	Ebd., S. 32
[33]	A. Marsá, L. Marsvillach, La montana iluminata, 1929, zit. nach: Josep Quetglas, Der gläserne Schrecken. Der Deutsche Pavillon in Barcelona, Basel 2001, S. 15
[34]	Josep Quetglas, Der gläserne Schrecken. Der Deutsche Pavillon in Barcelona, Basel 2001, S. 117 – 164
[35]	Ebd., S. 147 – 148
[36]	Wladimir Iljitsch Lenin, Werke Bd. 17, Berlin 1974
[37]	Walter Gropius in seiner Rede zur Eröffnung der Bauhaus-Ausstellung in Weimar 1923
[38]	Vgl. Klaus Weber [Hg.], Die Metallwerkstatt am Bauhaus, Berlin 1992, S. 18 ff.
[39]	Rüdiger Ganslandt|Harald Hofmann, Handbuch der Lichtplanung, Braunschweig|Wiesbaden 1992, S. 22 ff.
[40]	Joachim Teichmüller, zit. nach: Werner Oechslin in: Vittorio Magnago Lampugnani [Hg.], Moderne Architektur in Deutschland 1900 bis 1950. Expressionismus und Neue Sachlichkeit, Stuttgart 1994, S. 117
[41]	So wird z. B. im ersten Prospekt des Bauhauses Dessau von 1927 darauf hingewiesen, dass die Bühnenbeleuchtung von der AEG stammt.
[42]	zit. nach: Stiftung Bauhaus Dessau [Hg.], Bauhausobjekte, Berlin 2004 [CD-ROM]
[43]	Marianne Brandt im Gespräch mit Heinz Hirdina, in: Form und Zweck, Heft 3, Berlin 1979, S. 70
[44]	Walter Gropius, s. Anm. 2, S. 81
[45]	Wolfgang Schivelbusch, Licht, Schein und Wahn. Auftritte der elektrischen Beleuchtung im 20. Jahrhundert, Berlin 1992, S. 101
[46]	Ebd.
[47]	Ebd.
[48]	S. Anm. 38
[49]	Naum Gabo in: Bauhaus, Zeitschrift für Gestaltung, Heft 4|1928, S. 3 – 4
[50]	Wilhelm Wagenfeld, zit. nach Klaus Weber, ›Dienende Geräte‹, Die Metallwerkstatt der Bauhochschule, in: Dörte Nicolaisen [Hg.], Das andere Bauhaus. Otto Bartning und die Staatliche Bauhochschule Weimar 1926 – 1930, Berlin 1997, S. 112
[51]	Marcel Breuer in: Bauhaus, Zeitschrift für Gestaltung, Heft 1|1926, S. 3
[52]	Marianne Brandt in: Bauhaus, Zeitschrift für Gestaltung, Heft 1|1929, S. 21
[53]	Naum Gabo in: Bauhaus, Zeitschrift für Gestaltung, Heft 1|1929, S. 21
[54]	Lothar Kühne, Haus und Landschaft, Dresden 1985, S. 59
[55]	Klaus Weber, ›Formal edel in einem neueren Sinn‹, Leipziger und andere Bauhaus-Leuchten, in: Museum für Kunsthandwerk Leipzig [Hg.], Bauhausleuchten? Kandemlicht! Die Zusammenarbeit des Bauhauses mit der Leipziger Firma Kandem, Berlin 2002, S. 55 – 56
[56]	Urkunde und Begründung der UNESCO, Dezember 1996, Stiftung Bauhaus Dessau
[57]	Ilja Ehrenburg, Visum der Zeit, Berlin 1929, Neuauflage: Leipzig 1982, S. 94

7. Anmerkungen

[58]	Wassily Kandinsky, Die reine strahlende Wand, in: Der Kunstnarr, Nr. 1, Dessau 1929, in: Hans Maria Wingler,
	Das Bauhaus, Bramsche 1975, S. 162
[59]	Ebd.
[60]	Hinnerk Scheper, in: Bauhaus-Archiv Berlin [Hg.], Experiment Bauhaus, Berlin 1988, S. 294
[61]	Klaus Weber, s. Anm. 55, S. 52 – 55
[62]	S. Anm. 43
[63]	Tadeusz Peiper, Im Bauhaus, in: Heinrich Olschowski [Hg.], Der Mensch in den Dingen. Programmtexte und Gedichte
	der Krakauer Avantgarde, Leipzig 1986, S. 194
[64]	Lyonel Feininger zit. nach: Hans Maria Wingler, Das Bauhaus, Bramsche 1975, S. 108
[65]	Bauhaus, Zeitschrift für Gestaltung, Heft 1|1929, S. 28
[66]	Christine Engelmann|Christian Schädlich, Die Bauhausbauten in Dessau, Berlin 1991, S. 97 ff.
[67]	Stiftung Bauhaus Dessau [Hg.], Bauforschungsarchiv, Dessau 2002
[68]	Richard Paulick in: Form und Zweck, Berlin 1976, S. 30
[69]	Hugo Kükelhaus, Unmenschliche Architektur, Köln 1973
[70]	Ernst Bloch, Das Prinzip Hoffnung, 5. Auflage, Frankfurt [Main] 1998, S. 859
[71]	Ebd.
[72]	Ebd., S. 860
[73]	Ebd.
[74]	Ebd., S. 861
(75)	Giulio Carlo Argan, Gropius und das Bauhaus, Braunschweig|Wiesbaden 1983 [Übersetzung der italienischen Erstausgabe
	Turin 1951, Nachdruck 1992]
[76]	Louis I. Kahn zit. nach: Deutsches Architektur Museum Frankfurt [Main] [Hg.], Das Geheimnis des Schattens.
	Licht und Schatten in der Architektur, Tübingen 2002, S. 69
[77]	S. Anm. 75
[78]	So spricht Ingeborg Flagge dem Schatten in Le Corbusiers Werk jede magische Qualität ab, in: Deutsches Architektur
	Museum Frankfurt [Main] [Hg.], Das Geheimnis des Schattens. Licht und Schatten in der Architektur, Tübingen 2002,
	S. 68
[79]	Ebd.
[80]	Andreas Haus, Architektonischer Schatten, in: archithese, Heft 1|1997, S. 11
[81]	Julius Posener, Die Konstruktion vor sich sehen, in: Der Tagesspiegel, Berlin 1.2.1992

8. Literatur

Giulio Carlo Argan, Gropius und das Bauhaus, Braunschweig|Wiesbaden 1983 [Übersetzung der italienischen Erstausgabe Turin 1951, Nachdruck 1992]

Bauhaus-Archiv Berlin [Hg.], Experiment Bauhaus, Berlin 1988

Bauhaus-Archiv Berlin und Deutsches Architekturmuseum Frankfurt [Main] [Hg.], Hannes Meyer 1889 – 1954. Architekt, Urbanist, Lehrer, Berlin 1989

Bauhaus, Zeitschrift für Gestaltung, Heft 4|1928 und Heft 1|1929

Ernst Bloch, Das Prinzip Hoffnung, 5. Auflage, Frankfurt [Main] 1998

Rolf Bothe|Peter Hahn|Hans C. von Tavel [Hg.], Das frühe Bauhaus und Johannes Itten, Ostfildern 1994

Brandenburgisches Landesamt für Denkmalpflege [Hg.], Die Bundesschule des ADGB in Bernau bei Berlin 1930 – 1983, Potsdam 1993

Marianne Brandt im Gespräch mit Heinz Hirdina, in: Form und Zweck, Heft 3, Berlin 1979

Erich Consemüller, Fotografien Bauhaus Dessau, München 1989

Le Corbusier, Ausblick auf eine Architektur, 4. Auflage, Basel|Berlin|Boston 1995 [Übersetzung der französischen Ausgabe: Vers une Architecture, Paris 1922]

Deutsches Architektur Museum Frankfurt [Main] [Hg.], Das Geheimnis des Schattens: Licht und Schatten in der Architektur, Tübingen 2002

Ilja Ehrenburg, Visum der Zeit, Berlin 1929

Christine Engelmann|Christian Schädlich, Die Bauhausbauten in Dessau, Berlin 1991

Rüdiger Ganslandt|Harald Hofmann, Handbuch der Lichtplanung, Braunschweig|Wiesbaden 1992

Sigfried Giedion, Raum, Zeit, Architektur, Die Entstehung einer neuen Tradition, Basel 1976 [Übersetzung der amerikanischen Ausgabe: Time, Space, Architecture, The Growth of a New Tradition, Cambridge 1941]

Johann Wolfgang Goethe, Farbenlehre, in: Sämtliche Werke, Stuttgart o. J.

Walter Gropius, Bauhausbauten Dessau, München 1930, Reprint Mainz 1974

Andreas Haus, Architektonischer Schatten, in: archithese, Heft 1|1997

Wulf Herzogenrath [Hg.], Bauhausutopien: Arbeiten auf Papier, Stuttgart 1988

Karin Hirdina, Pathos der Sachlichkeit, Berlin 1981

Dorothee Huber [Hg.], Sigfried Giedion, Befreites Wohnen, Frankfurt [Main] 1985

Annemarie Jaeggi, Adolf Meyer. Der zweite Mann: ein Architekt im Schatten von Walter Gropius, Berlin 1994

Lothar Kühne, Haus und Landschaft, Dresden 1985

Hugo Kükelhaus, Unmenschliche Architektur, Köln 1973

Vittorio Magnago Lampugnani|Romana Schneider [Hg.], Moderne Architektur in Deutschland 1900 bis 1950. Reform und Tradition, Stuttgart 1992

Vittorio Magnago Lampugnani|Romana Schneider [Hg.], Moderne Architektur in Deutschland 1900 bis 1950. Expressionismus und Neue Sachlichkeit, Stuttgart 1994

Wladimir Iljitsch Lenin, Werke, Berlin 1974

Hannes Meyer, Bauen und Gesellschaft, Schriften, Briefe, Projekte Dresden 1980

László Moholy-Nagy, Malerei, Fotografie, Film, München 1925, Reprint Mainz 1972

László Moholy-Nagy, Von Material zu Architektur, München 1929, Reprint Mainz 1968

Museum für Kunsthandwerk Leipzig [Hg.], Bauhausleuchten? Kandemlicht! Die Zusammenarbeit des Bauhauses

8. Literatur

mit der Leipziger Firma Kandem, Berlin 2002

Winfried Nerdinger, Walter Gropius [mit einem kritischen Werkverzeichnis], Berlin 1985

Dörte Nicolaisen [Hg.], Das andere Bauhaus. Otto Bartning und die Staatliche Bauhochschule Weimar 1926 – 1930, Berlin 1997

Richard Paulick in: Form und Zweck, Berlin 1976

Tadeusz Peiper, Im Bauhaus, in: Olschowsky, Heinrich [Hg.], Der Mensch in den Dingen. Programmtexte und Gedichte der Krakauer Avantgarde, Leipzig 1986

Julius Posener, Die Konstruktion vor sich sehen, in: Der Tagesspiegel, Berlin 1.2.1992

Hartmut Probst|Christian Schädlich, Walter Gropius. 3 Bde., Berlin 1986

Josep Quetglas, Der gläserne Schrecken. Der Deutsche Pavillon in Barcelona, Basel 2001

Rolf Sachsse, Bild und Bau. Zur Nutzung technischer Medien beim Entwurf von Architektur, Braunschweig|Wiesbaden 1997

Wolfgang Schivelbusch, Licht, Schein und Wahn. Auftritte der elektrischen Beleuchtung im 20. Jahrhundert, Berlin 1992

Lutz Schöbe [Hg.], Bauhaus. Fotografien aus der Sammlung der Stiftung Bauhaus Dessau, Florenz 2004

Nelly Schwalacher, Das neue Bauhaus, in: Frankfurter Zeitung, Frankfurt [Main], 31.10.1927

Stein Holz Eisen, Zeitschrift, Jahresband 1926

Stiftung Bauhaus Dessau, Schriftenarchiv, Unterrichtsmitschriften von Arieh Sharon u. a. Studierenden

Stiftung Bauhaus Dessau [Hg.], Bauforschungsarchiv, Dessau 2002

Stiftung Bauhaus Dessau [Hg.], Bauhausobjekte, Berlin 2004 [CD-ROM]

Klaus Weber [Hg.], Die Metallwerkstatt am Bauhaus, Berlin 1992

Hans Maria Wingler, Das Bauhaus, Bramsche 1975

Klaus-Jürgen Winkler, Der Architekt Hannes Meyer, Anschauung und Werk, Berlin 1989

Konrad Wünsche, Bauhaus: Versuche, das Leben zu ordnen, Berlin 1989

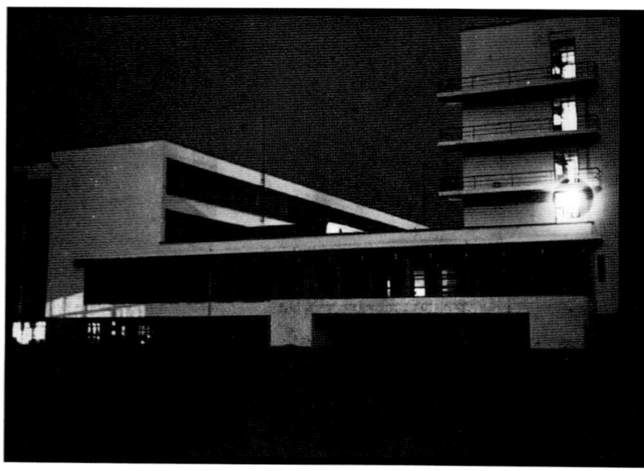

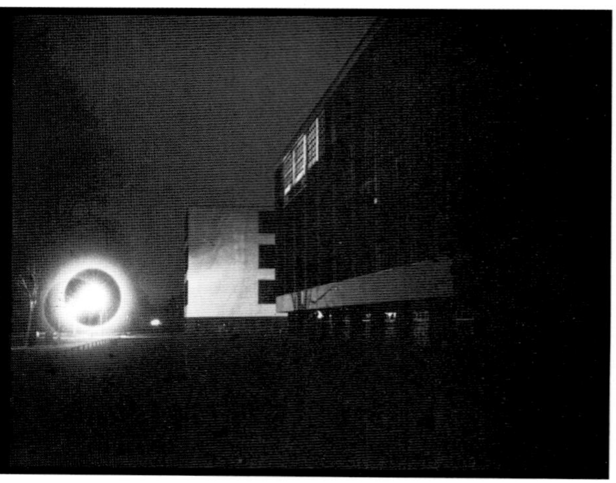

137 Bauhausgebäude, Atelierhaus, Aula und Kantine [Nachtaufnahme von Süden], 1929 | 138 Nachtaufnahme von Südwest, 1929

9. Bildnachweis

Bauhaus-Archiv Berlin: 8, 10, 14, 29, 63 [Foto: Werner Zimmermann], 137 – 139
Bauhausbauten Dessau [Walter Gropius, München 1930]: 101
Bauhauszeitschrift, 1928 – 1929: 27, 60 – 62
Edmund Collein [Ursula Kirsten-Collein]: 13
Erich Consemüller [Dr. Stephan Consemüller, Linsengericht]: 45, 56, 59
Dietz Verlag Berlin: 64
Walter Peterhans [Brigitte Peterhans, Chicago]: 34, 38
Stadtarchiv Dessau: 100 [Junkers-Luftbild]
Stiftung Bauhaus Dessau: 7 [Franz Ehrlich], 8, 43 [Carl Marx], 11 [Junkers-Luftbild], 20, 29 [Hugo Clausing], 118
[Carl Fieger], 35, 37 – 40
Wolfgang Thöner: 1 – 2, 5, 7, 9, 14 – 19, 21 – 26, 28, 36, 41, 46 – 51, 55, 57 – 58, 67 – 70, 72 – 99, 102 – 117, 119 – 136, 140
© VG Bild-Kunst, Bonn 2005 [Arbeiten aus der Stiftung Bauhaus Dessau]: 3 [Gyula Pap], 4 [Lyonel Feininger],
6, 42 [Hajo Rose], 44 [Grete Reichardt], 52, 53, 63, 65, 66 [Marianne Brandt], 54 [Herbert Bayer]
© VG Bild-Kunst, Bonn 2005: 5 [Johannes Itten], 21 [László Moholy-Nagy], 71 [Gertrud Arndt], 137 – 139 [Lyonel Feininger]
© VG Bild-Kunst, Bonn 2005: 10, 11, 16 sowie alle Innenaufnahmen [Walter Gropius], 12, 30 – 35 [Hannes Meyer],
37 – 38 [Ludwig Mies van der Rohe]

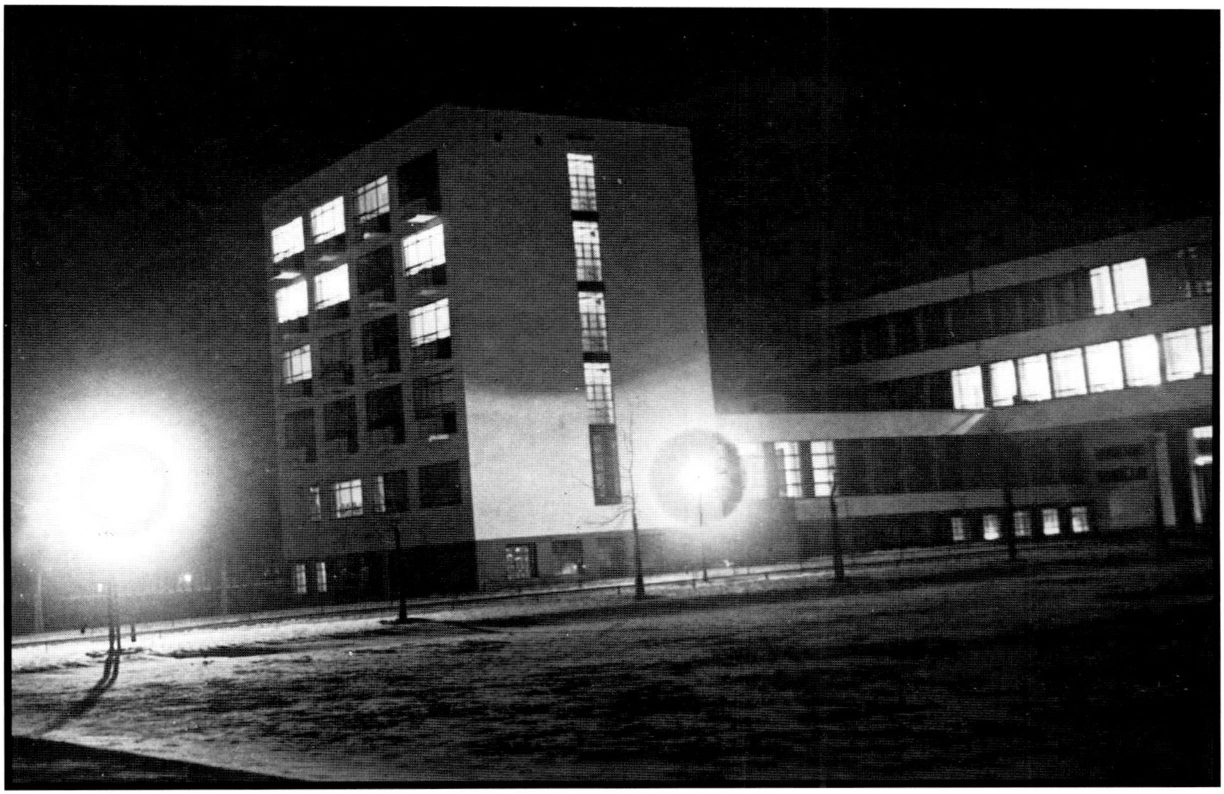

139 Bauhausgebäude, Atelierhaus, Aula und Kantine [Nachtaufnahme von Süden], um 1929

10. Adressen

Meisterhaus Kandinsky – Klee | Information
Ebertallee 69 – 71
06846 Dessau
fon [0340] 661 09 34
fax [0340] 661 09 35
info@meisterhaeuser.de | www.meisterhaeuser.de

Stiftung Bauhaus Dessau im Meisterhaus Muche – Schlemmer
Ebertallee 65 – 67
06846 Dessau
fon [0340] 66 11 813
info@bauhaus-dessau.de | www.bauhaus-dessau.de

Kurt-Weill-Zentrum im Meisterhaus Feininger
Ebertallee 63
06846 Dessau
fon [0340] 61 95 95
fax [0340] 61 19 90
weill-zentrum@t-online.de | www.kurt-weill.de

Stadt Dessau
Zerbster Straße 4
06844 Dessau
fon [0340] 2041042
fax [0340] 2042941
kulturamt@dessau.de

Die Stadt Dessau ist Eigentümer der Meisterhäuser.

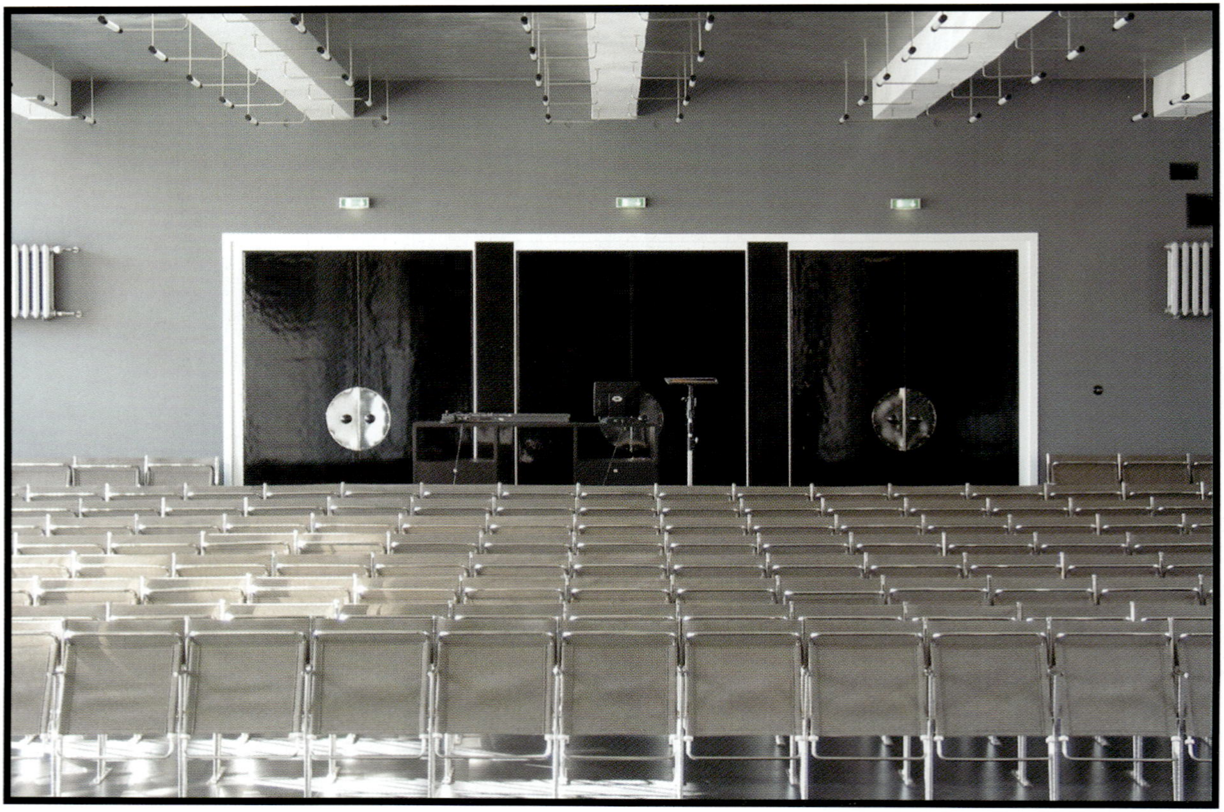

140 Bauhausgebäude, Bühne, 2004